বিজ্ঞানরহস্য

বঙ্কিমচন্দ্র চট্টোপাধ্যায়

সূচী

আশ্চর্য্য সৌরোৎপাত

Great Solar Eruption

১৮৭১ সালে সেপ্টেম্বর মাসে আমেরিকা-নিবাসী অদ্বিতীয় জ্যোতির্ব্বিদ ইয়ঙ্ সাহেব যে আশ্চর্য্য সৌরোৎপাত দৃষ্টি করিয়াছিলেন, এরূপ প্রকাণ্ড কাণ্ড মনুষ্যচক্ষে প্রায় আর কখন পড়ে নাই। তত্তুলনায় এট্‌না বা বিসিউবিয়াসের অগ্নিবিপ্লব, সমুদ্রোচ্ছ্বাসের তুলনায় দুগ্ধ-কটাহে দুগ্ধোচ্ছ্বাসের তুল্য বিবেচনা করা যাইতে পারে।

যাঁহারা আধুনিক ইউরোপীয় জ্যোতির্ব্বিদ্যার সবিশেষ অনুশীলন করেন নাই, এই ভয়ঙ্কর ব্যাপার তাঁহাদের বোধগম্য করার জন্য সূর্য্যের প্রকৃতিসম্বন্ধে দুই একটি কথা বলা আবশ্যক।

সূর্য্য অতি বৃহৎ তেজোময় গোলক। এই গোলক আমরা অতি ক্ষুদ্র দেখি, কিন্তু উহা বাস্তবিক কত বৃহৎ, তাহা পৃথিবীর পরিমাণ না বুঝিলে বুঝা যাইবে না। সকলে জানেন যে, পৃথিবীর ব্যাস ৭০৯১ মাইল। যদি পৃথিবীকে এক মাইল দীর্ঘ, এক মাইল প্রস্থ, এমত খণ্ডে খণ্ডে ভাগ করা যায়, তাহা হইলে ঊনিশ কোটি, ছয়ষট্টি লক্ষ, ছাব্বিশ হাজার, এইরূপ বর্গমাইল পাওয়া যায়। এক মাইল দীর্ঘে এক মাইল প্রস্থে এবং এক মাইল ঊর্দ্ধে, এরূপ ২৫৯,৮০০,০০০,০০০ ভাগ পাওয়া যায়।আশ্চর্য্য বিজ্ঞানবলে পৃথিবীকে ওজন করাও গিয়াছে। ওজনে পৃথিবী যত টন হইয়াছে, তাহা নিম্ন অঙ্কের দ্বারা লিখিলাম। ৬,০৬৯,০০০,০০০,০০০,০০০,০০০,০০০। এক টন সাতাশ মণের অধিক।

এই সকল অঙ্ক দেখিয়া মন অস্থির হয়; পৃথিবী যে কত বৃহৎ পদার্থ, তাহা বুঝিয়া উঠিতে পারি না। এক্ষণে যদি বলি যে, এমত অন্য কোন গ্রহ বা নক্ষত্র আছে যে, তাহা পৃথিবী অপেক্ষা, ত্রয়োদশ লক্ষ গুণে বৃহৎ, তবে কে না বিস্মিত হইবে? কিন্তু বাস্তবিক সূর্য্য পৃথিবী হইতে ত্রয়োদশ লক্ষ গুণে বৃহৎ। ত্রয়োদশ লক্ষটি পৃথিবী একত্র করিলে সূর্য্যের আয়তনের সমান হয়।

তবে আমরা সূর্য্যকে এত ক্ষুদ্র দেখি কেন? উহার দূরতাবশতঃ। পূর্ব্বতন গণনানুসারে সূর্য্য পৃথিবী হইতে সার্দ্ধ নয় কোটি মাইল দূরে স্থিত বলিয়া জানা ছিল। আধুনিক গণনায় স্থির হইয়াছে যে, ৯১,৬৭৮,০০০ মাইল অর্থাৎ এক কোটি, চতুর্দ্দশ লক্ষ, ঊনসপ্ততি সহস্র সার্দ্ধ সপ্তদশ যোজন, পৃথিবী হইতে সূর্য্যের দূরতা।* এই ভয়ঙ্কর দূরতা অনুমেয় নহে। দ্বাদশ সহস্র পৃথিবী শ্রেণীপরম্পরায় বিন্যস্ত হইলে, পৃথিবী হইতে সূর্য্য পর্য্যন্ত পায় না।

এই দূরতা অনুভব করিবার জন্য একটি উদাহরণ দিই। অস্মদাদির দেশে রেলওয়ে ট্রেণ ঘণ্টায় ২০ মাইল যায়। যদি পৃথিবী হইতে সূর্য্য পর্য্যন্ত রেলওয়ে হইত, তবে কত কালে সূর্য্যলোকে যাইতে পারিতাম? উত্তর-যদি দিন রাত্রি ট্রেণ অবিরত, ঘণ্টায় বিশ মাইল চলে, তবে ৫২০ বৎসর ৬ মাস ১৬ দিনে সূর্য্যোলোকে পৌঁছান যায়। অর্থাৎ যে ব্যক্তি ট্রেণে চড়িবে, তাহার সপ্তদশ পুরুষ ঐ ট্রেণে গত হইবে।

এক্ষণে পাঠক বুঝিতে পারিবেন যে, সূর্য্যমণ্ডলমধ্যে যাহা অণুবৎ ক্ষুদ্রাকৃতি দেখি, তাহাও বাস্তবিক অতি বৃহৎ। যদি সূর্য্যএমধ্যে আমরা একটি বালির মত বিন্দুও দেখিতে পাই, তবে তাহাও লক্ষ ক্রোশ বিস্তার হইতে পারে।

কিন্তু সূর্য্য এমনি প্রচণ্ড রশ্মিময় যে, তাহার গায়ে বিন্দু বিসর্গ কিছু দেখিবার সম্ভাবনা নাই। সূর্য্যের প্রতি চাহিয়া দেখিলেও অন্ধ হইতে হয়। কেবল সূর্য্যগ্রহণের সময় সূর্য্যতেজঃ চন্দ্রান্তরালে লুক্কায়িত হইলে, তৎপ্রতি দৃষ্টি করা যায়। তখনও সাধারণ লোকে চক্ষুর উপর কালিমাখা কাচ না ধরিয়া, হৃততেজা সূর্য্য প্রতিও চাহিতে পারে না।

সেই সময়ে যদি কালিমাখা কাচ ত্যাগ করিয়া উত্তম দূরবীক্ষণ যন্ত্রের দ্বারা সূর্য্য প্রতি দৃষ্টি করা যায়, তবে কতকগুলি আশ্চর্য্য ব্যাপার দেখা যায়। পূর্ণ গ্রাসের সময়ে, অর্থাৎ যখন চন্দ্রান্তরালে সূর্য্যমণ্ডল লুক্কায়িত, তখন দেখা যায়, মণ্ডলের চারিপার্শ্বে, অপূর্ব্ব জ্যোতির্ম্ময় কিরীটিমণ্ডল তাহাকে ঘেরিয়া রহিয়াছে। ইউরোপীয় পণ্ডিতেরা ইহাকে "করোনা" বলেন। কিন্তু এই কিরীটিমণ্ডল ভিন্ন, আর এক অদ্ভুত বস্তু কখন কখন দেখা যায়। কিরীটিমূলে, ছায়াবৃত সূর্য্যের অঙ্গের উপরে সংলগ্ন, অথচ তাহার বাহিরে, কোন দুর্জ্ঞেয় পদার্থ উদ্গত দেখা যায়। ঐ সকল উদ্গত পদার্থ দেখিতে এত ক্ষুদ্র যে, তাহা দূরবীক্ষণ যন্ত্র ব্যাতিরেকে দেখা যায় না। কিন্তু দূরবীক্ষণ যন্ত্রে দেখা যায় বলিয়াই তাহা বৃহৎ অনুমান করিতে হইতেছে। উহা কখন কখন অর্দ্ধ লক্ষ মাইল উচ্চ দেখা গিয়াছে। ছয়টি পৃথিবী উপর্য্যুপরি সাজাইলে এত উচ্চ হয় না। এই সকল উদ্গত পদার্থের আকার কখন পর্ব্বতশৃঙ্গবৎ, কখন বা অন্য প্রকার, কখন সূর্য্য হইতে বিযুক্ত দেখা গিয়াছে। তাহার বর্ণ কখন উজ্জ্বল রক্ত, কখন গোলাপী, কখন নীল কপিশ।

পণ্ডিতেরা বিশেষ অনুসন্ধান দ্বারা স্থির করিয়াছেন যে, এ সকল সূর্য্যের অংশ। প্রথমে কেহ কেহ বিবেচনা করিয়াছিলেন যে, এ সকল সৌর পর্ব্বত; পরে সূর্য্য হইতে তাহার বিয়োগ দেখিয়া সে মত ত্যাগ করিলেন।

এক্ষণে নিঃসংশয়ে প্রমাণ হইয়াছে যে, এই সকল বৃহৎ পদার্থ সূর্য্যগর্ভ হইতে উৎক্ষিপ্ত। যেরূপ পার্থিব আগ্নেয়গিরি হইতে দ্রব বা বায়বীয় পদার্থসকল উৎপতিত হইয়া, গিরিশৃঙ্গের উপরে মেঘাকারে দৃষ্ট হইতে পারে, এই সকল সৌর মেঘও তদ্রূপ। উৎক্ষিপ্ত বস্তু যতক্ষণ না সূর্য্যোপরি পুনঃ পতিত হয়, ততক্ষণ পর্য্যন্ত স্তূপাকারে পৃথিবী হইতে লক্ষ্য হইতে থাকে।

এক্ষণে পাঠক বিবেচনা করিয়া দেখুন যে, এইরূপ একখানি সৌর মেঘ বা স্তূপ দূরবীক্ষণে দেখিলে কি বুঝিতে হয়। বুঝিতে হয় যে, এক প্রকাণ্ড প্রদেশ লইয়া এক বিষম বিপ্লব উপস্থিত হইয়াছে। সেই সকল উৎপাতকালে সূর্য্যগর্ভনিক্ষিপ্ত পদার্থরাশি, এতাদৃশ বহুদূরব্যাপী হয় যে, তন্মধ্যে এই পৃথিবীর ন্যায় অনেকগুলি পৃথিবী ডুবিয়া থাকিতে পারে।

এইরূপ সৌরৎপাত অনেকেই প্রফেসর ইয়ঙের পূর্ব্বে দেখিয়াছেন; কিন্তু প্রফেসর ইয়ঙ্ যাহা দেখিয়াছেন, তাহা আবার বিশেষ বিস্ময়কর। বেলা দুই প্রহরের সময়ে তিনি সূর্য্যমণ্ডল দূরবীক্ষণ দ্বারা অবেক্ষণ করিতেছিলেন। তৎকালে গ্রহণাদি কিছু ছিল না। পূর্ব্বে গ্রহণের সাহায্য ব্যতীত কেহ কখন এই সকল ব্যাপার নয়নগোচর করে নাই, কিন্তু ডাক্তার হাগিন্স প্রথমে বিনা গ্রহণে এ সকল ব্যাপার দেখিবার উপায় প্রদর্শন করেন। প্রফেসর ইয়ঙ্ এরূপ বিজ্ঞানকুশলী যে, তিনি সূর্য্যের প্রচণ্ড তেজের সময়েও ঐ সকল সৌরস্তূপের আতপচিত্র পর্য্যন্ত গ্রহণ করিতে সমর্থ হইয়াছেন।

কথিত সময়ে প্রফেসর ইয়ঙ্ দূরবীক্ষণে দেখিতেছিলেন যে, সূর্য্যের উপরি ভাগে একখানি মেঘবৎ পদার্থ দেখা যাইতেছে। অন্যান্য উপায় দ্বারা সিদ্ধান্ত হইয়াছে যে, পৃথিবী যেরূপ বায়বীয় আবরণে বেষ্টিত, সূর্য্যমণ্ডলও তদ্রূপ। ঐ মেঘবৎ পদার্থ সৌর বায়ুর উপরে ভাসিতেছিল। পাঁচটি স্তম্ভের ন্যায় আধারের উপরে উহা আরূঢ় দেখা যাইতেছিল। প্রফেসর ইয়ঙ্ পূর্ব্বদিন বেলা দুই প্রহর হইতে ঐ রূপই দেখিতেছিলেন। তদবধি তাহার পরিবর্ত্তনের

কোন লক্ষণই দেখেন নাই। স্তম্ভগুলি উজ্জ্বল, মেঘখানি বৃহৎ-তদ্ভিন্ন মেঘের নিবিড়তা বা উজ্জ্বলতা কিছুই ছিল না। সূক্ষ্ম সূক্ষ্ম সূত্রাকার কতকগুলি পদার্থের সমষ্টির ন্যায় দেখাইতেছিল। এই অপূর্ব্ব মেঘ সৌর বায়ুর উপর পঞ্চদশ সহস্র মাইল ঊর্দ্ধে ভাসিতেছিল। ইহা বলা বাহুল্য যে, প্রফেসর ইয়ঙ্ ইহার দৈর্ঘ্য-প্রস্থও মাপিয়াছিলেন। তাহার দৈর্ঘ্য লক্ষ মাইল-প্রস্থ ৫৪,০০০ মাইল। বারটি পৃথিবী সারি সারি সাজাইলে, তাহার দৈর্ঘ্যের সমান হয় না-ছয়টি পৃথিবী সারি সারি সাজাইলে, তাহার প্রস্থের সমান হয় না।

দুই প্রহর বাজিয়া অর্দ্ধ ঘণ্টা হইলে, মেঘ এবং তন্মূলস্বরূপ স্তম্ভগুলির অবস্থা পরিবর্ত্তনের কিছু কিছু লক্ষণ দেখা যাইতে লাগিল। সেই সময়ে প্রফেসর ইয়ঙ্ সাহেবকে দূরবীক্ষণ রাখিয়া স্থানান্তরে যাইতে হইল। একটা বাজিতে পাঁচ মিনিট থাকিতে, যখন তিনি প্রত্যাবর্ত্তন করিলেন, তখন দেখিলেন যে, চমৎকার! নিম্ন হইতে উৎক্ষিপ্ত কোন ভয়ঙ্কর বলের বেগে মেঘখণ্ড ছিন্ন ভিন্ন হইয়া গিয়াছে, তৎপরিবর্তে সৌর গগন ব্যাপিয়া ঘনবিকীর্ণ উজ্জ্বল সূত্রাকার পদার্থসকল ঊর্দ্ধে ধাবিত হইতেছে। ঐ সূত্রাকার পদার্থসকল অত প্রবল বেগে ঊর্দ্ধে ধাবিত হইতেছিল।

সর্ব্বাপেক্ষা এই বেগই চমৎকার। আলোক বা বৈদ্যুতিক শক্তি প্রভৃতি ভিন্ন, গুরুত্ববিশিষ্ট পদার্থের এরূপ বেগ শ্রুতিগোচর হয় না। ইয়ঙ্ সাহেব যখন প্রত্যাবৃত্ত হইলেন, ঐ সকল উজ্জ্বল সূত্রাকার পদার্থ লক্ষ মাইলের ঊর্দ্ধে উঠে নাই। পরে দশ মিনিটের মধ্যে যাহা লক্ষ মাইলে ছিল, তাহা দুই লক্ষ মাইলে উঠিল। দশ মিনিটে লক্ষ মাইল গতি হইলে, প্রতি সেকেণ্ডে ১৬৫ মাইল গতি হয়। অতএব উৎক্ষিপ্ত পদার্থের দৃষ্ট গতি এই।

এই গতি কি ভয়ঙ্কর, তাহা মনেরও অচিন্ত্য। কামানের গোলা অতি বেগবান্ হইলেও কখন এক সেকেণ্ডে অর্দ্ধ মাইল যাইতে পারে না। সচরাচর কামানের গোলার বেগের বহু শত গুণ এই সৌর পদার্থের বেগ, এ কথা বলিলে অত্যুক্তি হইবে না।

দুই লক্ষ মাইল ঊর্দ্ধেতে এই বেগ দেখা গিয়াছিল। যে উৎক্ষিপ্ত পদার্থ দুই লক্ষ মাইল ঊর্দ্ধে এত বেগবান্, নির্গমকালে তাহার বেগ কিরূপ ছিল। সকলেই জানেন যে, যদি আমরা একটা ইষ্টক খণ্ড ঊর্দ্ধে নিক্ষিপ্ত করি, তাহা হইলে যে বেগে তাহা নিক্ষিপ্ত হয়, সেই বেগ শেষ পর্য্যন্ত থাকে না, ক্রমে মন্দীভূত হইয়া পরিশেষে একেবারে বিনষ্ট হইয়া যায়, ইষ্টক খণ্ডও ভূপতিত হয়। ইষ্টকবেগের হ্রাসের দুই কারণ, প্রথম পৃথিবীর মাধ্যাকর্ষণী, শক্তি, দ্বিতীয় বায়ুজনিত প্রতিবন্ধকতা। এই দুই কারণই সূর্য্যলোকে বর্ত্তমান। যে বস্তু যত গুরু, তাহার মাধ্যাকর্ষণী শক্তি তত বলবতী। পৃথিবী অপেক্ষা সূর্য্যের মাধ্যাকর্ষণী শক্তি সূর্য্যের নাড়ীমণ্ডলে ২৮ গুণ অধিক। তদুল্লঙ্ঘন করিয়া লক্ষ ক্রোশ পর্য্যন্ত যদি কোন পদার্থ উত্থিত হয়, তবে তাহা যখন সূর্য্যকে ত্যাগ করে, তৎকালে তাহার গতি প্রতি সেকেণ্ডে অবশ্যই ১৬৬ মাইল ছিল। ইহা গণনা দ্বারা সিদ্ধ। কিন্তু যদিও এই বেগে উৎক্ষিপ্ত হইলে, ক্ষিপ্ত বস্তু লক্ষ ক্রোশ উঠিতে পারিবে, তাহা যে ঐ লক্ষ ক্রোশের শেষার্দ্ধ লঙ্ঘনকালে প্রতি সেকেণ্ডে ১৬৬ মাইল ছুটিবে, এমত নহে। শেষার্দ্ধ বেগ গড়ে ৬৫ মাইল মাত্র হইবে। প্রক্টর সাহেব গুড্ওয়ার্ডসে লিখিয়াছেন যে, যদি বিবেচনা করা যায় যে, সূর্য্যলোকে বায়বীয় প্রতিবন্ধকতা নাই, তাহা হইলে এই উৎক্ষিপ্ত পদার্থ সূর্য্যমধ্য হইতে যে বেগে নির্গত হইয়াছিল, তাহা প্রতি সেকেণ্ডে ২৫৫ মাইল।

কিন্তু সূর্য্যলোকে যে বায়বীয় পদার্থ নাই, এমত কথা বিবেচনা করিতে পারা যায় না। সূর্য্য যে গাঢ় বাষ্পমণ্ডল-পরিবৃত, তাহা নিশ্চিত হইয়াছে। প্রক্টর সাহেব সকল বিষয় বিবেচনা করিয়া স্থির করিয়াছেন যে, পৃথিবীতে বায়বীয় প্রতিবন্ধকতার যেরূপ বল, সৌর

বায়ুর প্রতিবন্ধকতার যদি সেইরূপ বল হয়, তাহা হইলে এই পদার্থ যখন সূর্য্য হইতে নির্গত হয়, তখন তাহার বেগ প্রতি সেকেণ্ডে অনুমানিক সহস্র মাইল ছিল।

এই বেগ মনের অচিন্ত্য। এরূপ বেগে নিক্ষিপ্ত পদার্থ এক সেকেণ্ডে ভারতবর্ষ পার হইতে পারে-পাঁচ সেকেণ্ডে কলিকাতা হইতে বিলাত পঁহুছিতে পারে, এবং ২৪ সেকেণ্ডে অর্থাৎ অর্দ্ধ মিনিটের কমে, পৃথিবী বেষ্টন করিয়া আসিতে পারে। আর এক বিচিত্র কথা আছে, আমরা যদি কোন মৃৎপিণ্ড ঊর্দ্ধে নিক্ষেপ করি, তাহা আবার ফিরিয়া আসিয়া পৃথিবীতে পড়ে। তাহার কারণ এই যে, পৃথিবীর মাধ্যাকর্ষণী শক্তির বলে, এবং বায়বীয় প্রতিবন্ধকতায়, ক্ষেপণীর বেগ ক্রমে বিনষ্ট হইয়া, যখন ক্ষেপণী একেবারে বেগহীন হয়, তখন মাধ্যাকর্ষণের বলে পুনর্ব্বার তাহা ভূপতিত হয়। সূর্য্যলোকেও অবশ্য তাহাই হওয়া সম্ভব। কিন্তু মাধ্যাকর্ষণী শক্তি বা বায়বীয় প্রতিবন্ধকতার শক্তি কখন অসীম নহে। উভয়েরই সীমা আছে। অবশ্য এমত কোন বেগবতী গতি আছে যে, তদ্দ্বারা উভয় শক্তিই পরাভূত হইতে পারে। এই সীমা কোথায়, তাহাও গণনা দ্বারা সিদ্ধ হইয়াছে। যে বস্তু নির্গমকালে প্রতি সেকেণ্ডে ৩৮০ মাইল গমন করে, তাহা মাধ্যাকর্ষণী শক্তি এবং বায়বীয় প্রতিবন্ধকতার বল অতিক্রম করিয়া যায়। অতএব উপরিবর্ণিত বেগবান্ উৎক্ষিপ্ত পদার্থ, আর সূর্য্যলোকে ফিরিয়া আইসে না। সুতরাং প্রফেসর ইয়ঙ যে সৌরোৎপাত দৃষ্টি করিয়াছিলেন, তদুৎক্ষিপ্ত পদার্থ আর সূর্য্যলোকে ফিরে নাই। তাহা অনন্তকাল অনন্ত আকাশে বিচরণ করিয়া ধূমকেতু বা অন্য কোন খেচররূপে পরিগণিত হইবে কি, কি হইবে, তাহা কে বলিতে পারে!

প্রক্টর সাহেব সিদ্ধান্ত করেন যে, উৎক্ষিপ্ত বস্তু লক্ষ ক্রোশ পর্য্যন্ত দৃষ্টিগোচর হইয়াছিল বটে, কিন্তু অদৃশ্যভাবে যে তদধিক দূর ঊর্দ্ধেগত হয় নাই, এমত নহে। যতক্ষণ উহা উত্তপ্ত এবং জ্বালাবিশিষ্ট ছিল, ততক্ষণ তাহা দৃষ্টিগোচর হইয়াছিল, ক্রমে শীতল হইয়া অনুজ্জ্বল হইলে, আর তাহা দেখা যায় নাই। তিনি স্থির করিয়াছেন যে, উহা সার্দ্ধ তিন লক্ষ মাইল উঠিয়াছিল। অতএব এই সৌরোৎপাতনিক্ষিপ্ত পদার্থ অদ্ভুত বটে-লক্ষযোজনব্যাপী মনোগতি, এক নূতন সৃষ্টির আদি।

* নূতন গণনায় আরও কিছু বাড়িয়াছে।

আকাশে কত তারা আছে?

Multitudes of Stars

ঐ যে নীল নৈশ নভোমণ্ডলে অসংখ্য বিন্দু জ্বলিতেছে, ওগুলি কি?

ওগুলি তারা। তারা কি? প্রশ্ন জিজ্ঞাসা করিলে পাঠশালার ছাত্র মাত্রেই তৎক্ষণাৎ বলিবে যে, তারা সব সূর্য্য। সব সূর্য্য! সূর্য্য ত দেখিতে পাই বিশ্বদাহকর, প্রচণ্ডকিরণমালার আকর; তৎপ্রতি দৃষ্টিনিক্ষেপ করিবারও মনুষ্যের শক্তি নাই; কিন্তু তারা সব ত বিন্দু মাত্র; অধিকাংশ তারাই নয়নগোচর হইয়া উঠে না। এমন বিসদৃশের মধ্যে সাদৃশ্য কোথায়? কোন্ প্রমাণের উপর নির্ভর করিয়া বলিব যে, এগুলি সূর্য্য? এ কথার উত্তর পাঠশালার ছাত্রের দেয় নহে। এবং যাঁহারা আধুনিক ইউরোপীয় বিজ্ঞানশাস্ত্রের প্রতি বিশেষ মনোযোগ করেন নাই, তাঁহারা এই কথাই অকস্মাৎ জিজ্ঞাসা করিবেন। তাঁহাদিগকে আমরা এক্ষণে ইহাই বলিতে পারি যে, এ কথা অলঙ্ঘ্য প্রমাণের দ্বারা নিশ্চিত হইয়াছে। সেই প্রমাণ কি, তাহা বিবৃত করা এস্থলে আমাদিগের উদ্দেশ্য নহে। যাঁহারা ইউরোপীয় জ্যোতির্ব্বিদ্যার সম্যক্ আলোচনা করিয়াছেন, তাঁহাদের পক্ষে সেই প্রমাণ এখানে বিবৃত করা নিষ্প্রয়োজন। যাঁহারা জ্যোতিষ সম্যক্ অধ্যয়ন করেন নাই, তাঁহাদের পক্ষে সেই প্রমাণ বোধগম্য করা অতি দুরূহ ব্যাপার। বিশেষ দুইটি কঠিন কথা তাঁহাদিগকে বুঝাইতে হইবে; প্রথমতঃ কি প্রকারে নভঃস্থ জ্যোতিষ্কের দূরতা পরিমিত হয়; দ্বিতীয় আলোক-পরীক্ষক নামক আশ্চর্য্য যন্ত্র কি প্রকার, এবং কি প্রকারে ব্যবহৃত হয়।

সুতরাং সে বিষয়ে আমরা প্রবৃত্ত হইলাম না। সন্দিহান পাঠকগণের প্রতি আমাদিগের অনুরোধ, তাঁহারা ইউরোপীয় বিজ্ঞানের উপর বিশ্বাস করিয়া বিবেচনা করুন যে, এই আলোক-বিন্দুগুলি সকলই সৌর প্রকৃত। কেবল আত্যন্তিক দূরতাবশতঃ আলোকবিন্দুবৎ দেখায়।

এখন কত সূর্য্য এই জগতে আছে? এই প্রশ্নের উত্তর প্রদান করাই এখানে আমাদিগের উদ্দেশ্য। আমরা পরিষ্কার চন্দ্রবিযুক্তা নিশীথে নির্ম্মল নিরম্বুদ আকাশমণ্ডল প্রতি দৃষ্টিপাত করিয়া দেখিতে পাই যে, আকাশে যেন নক্ষত্র আর ধরে না। আমরা বলি, নক্ষত্র অসংখ্য। বাস্তবিক কি নক্ষত্র অসংখ্য? বাস্তবিক শুধু চক্ষে আমরা যে নক্ষত্র দেখিতে পাই, তাহা কি গণিয়া সংখ্যা করা যায় না?

ইহা অতি সহজ কথা। যে কেহ অধ্যবসায়ারূঢ় হইয়া স্থিরচিত্তে গণিতে প্রবৃত্ত হইবেন, তিনিই সফল হইবেন। বস্তুতঃ দূরবীক্ষণ ব্যতীত যে তারাগুলি দেখিতে পাওয়া যায়, তাহা অসংখ্য নহে-সংখ্যা এমন অধিকও নহে। তবে তারাসকল যে অসংখ্য বোধ হয়, তাহা উহার দৃশ্যতঃ বিশৃঙ্খলতাজন্য মাত্র। যাহা শ্রেণীবদ্ধ এবং বিন্যস্ত, তাহা অপেক্ষা যাহা শ্রেণীবদ্ধ নহে এবং অবিন্যস্ত, তাহা সংখ্যায় অধিক বোধ হয়। তারাসকল আকাশে শ্রেণীবদ্ধ এবং বিন্যস্ত নহে বলিয়াই আশু অসংখ্য বলিয়া বোধ হয়।

বস্তুতঃ যত তারা দূরবীক্ষণ ব্যতীত দৃষ্টিগোচর হয়, তাহা জ্যোতির্ব্বিদ্গণ কর্তৃক পুনঃ পুনঃ গণিত হইয়াছে। বর্লিন নগরে যত তারা ঐরূপে দেখা যায়, অর্গেলন্দর তাহার সংখ্যা করিয়া তালিকা প্রকাশ করিয়াছেন। সেই তালিকায় ৩২৫৬টি মাত্র তারা আছে। পারিস নগর

হইতে যত তারা দেখা যায়, হম্বোল্‌টের মতে তাহা ৪১৪৬টি মাত্র। গেলামির আকাশমণ্ডল নামক গ্রন্থে চক্ষুর্দৃশ্য তারার যে তালিকা প্রদত্ত হইয়াছে, তাহা এই প্রকার;-

নরহস্য
১ম শ্রেণী ২০
২য় শ্রেণী ৬৫
৩য় শ্রেণী ২০০
৫ম শ্রেণী ১১০০
৬ষষ্ঠ শ্রেণী ৩২০০

৪৫৮৫
এই তালিকায় চতুর্থ শ্রেণীর তারার সংখ্যা নাই। তৎসমেত আন্দাজ ৫০০০ পাঁচ হাজার তারা শুধু চক্ষে দৃষ্ট হয়।

কিন্তু বিষুব রেখার যত নিকটে আসা যায়, তত অধিক তারা নয়নগোচর হয়। বর্লিন ও পারিস নগর হইতে যাহা দেখিতে পাওয়া যায়, এ দেশে তাহার অধিক তারা দেখা যায়, কিন্তু এ দেশেও ছয় সহস্রের অধিক দেখা যাওয়া সম্ভবপর নহে।

এককালীন আকাশের অর্দ্ধাংশ ব্যতীত আমরা দেখিতে পাই না। অপরার্দ্ধ অধস্তলে থাকে। সুতরাং মনুষ্যচক্ষে এককালীন যত তারা দেখা যায়, তাহা তিন সহস্রের অধিক নহে।

এতক্ষণ আমরা কেবল শুধু চক্ষের কথা বলিতেছিলাম। যদি দূরবীক্ষণ যন্ত্রের সাহায্যে আকাশমণ্ডল পর্য্যবেক্ষণ করা যায়, তাহা হইলে বিস্মিত হইতে হয়। তখন অবশ্য স্বীকার করিতে হয় যে, তারা অসংখ্যই বটে। শুধু চোখে যেখানে দুই একটি মাত্র তারা দেখিয়াছি, দূরবীক্ষণে সেখানে সহস্র তারা দেখা যায়।

গেলামি এই কথা প্রতিপন্ন করিবার জন্য মিথুন রাশির একটি ক্ষুদ্রাংশের দুইটি চিত্র দিয়াছেন। ঐ স্থান বিনা দূরবীক্ষণে যেরূপ দেখা যায়, প্রথম চিত্রে তাহাই চিত্রিত আছে। তাহাতে পাঁচটি মাত্র নক্ষত্র দেখা যায়। দ্বিতীয় চিত্রে ইহা দূরবীক্ষণে যেরূপ দেখা যায়, তাহাই অঙ্কিত হইয়াছে। তাহাতে পাঁচটি তারার স্থানে তিন সহস্র দুই শত পাঁচটি তারা দেখা যায়।

দূরবীক্ষণের দ্বারাই বা কত তারা মনুষ্যের দৃষ্টিগোচর হয়, তাহার সংখ্যা ও তালিকা হইয়াছে। সুবিখ্যাত সর্ উইলিয়ম হর্শেল প্রথম এই কার্য্যে প্রবৃত্ত হয়েন। তিনি বহুকালাবধি প্রতিরাত্রে আপন দূরবীক্ষণসমীপাগত তারাসকল গণনা করিয়া তাহার তালিকা করিতেন। এইরূপে ৩৪০০ বার আকাশ পর্য্যবেক্ষণের ফল তিনি প্রচার করেন। যতটা আকাশ চন্দ্র কর্ত্তৃক ব্যাপ্ত হয়, তদ্রূপ আট শত গাগনিক খণ্ড মাত্র তিনি এই ৩৪০০ বারে পর্য্যবেক্ষণ করিয়াছিলেন। তাহাতে আকাশের ২৫০ ভাগের এক ভাগের অধিক হয় না। আকাশের এই ২৫০ ভাগের এক ভাগ মাত্রে তিনি ৯০,০০০ অর্থাৎ প্রায় এক লক্ষ তারা গণনা করিয়াছেন। স্রূব নামা বিখ্যাত জ্যোতির্ব্বিদ গণনা করিয়াছেন যে, এইরূপে সমুদায় আকাশমণ্ডল পর্য্যবেক্ষণ করিয়া তালিকা নিবদ্ধ করিতে অশীতি বৎসর লাগে।

তাহার পরে সর্ উইলিয়মের পুত্র সর্ জন হর্শেল ঐরূপ আকাশ সন্ধানে ব্রতী হয়েন। তিনি ২৩০০ বার আকাশ পর্য্যবেক্ষণ করিয়া আরও সপ্ততি সহস্র তারা সংখ্যা করিয়াছিলেন।

অর্গেলন্দর নবম শ্রেণী পর্য্যন্ত তারা স্বীয় তালিকাভুক্ত করিয়াছেন। তাহাতে সপ্তম শ্রেণীর ১৩,০০০ তারা, অষ্টম শ্রেণীর ৪০,০০০ তারা, এবং নবম শ্রেণীর ১৪২,০০০ তারা। উচ্চতম শ্রেণীর সংখ্যা পূর্ব্বে লিখিত হইয়াছে কিন্তু এ সকল সংখ্যাও সামান্য। আকাশে পরিষ্কার রাত্রে এক স্থূল শ্বেত রেখা নদীর ন্যায় দেখা যায়। আমরা সচরাচর তাহাকে ছায়াপথ বলি। ঐ ছায়াপথ কেবল দৌরবীক্ষণিক নক্ষত্রসমষ্টি মাত্র। উহার অসীম দূরতাবশতঃ নক্ষত্রসকল দৃষ্টিগোচর হয় না, কিন্তু তাহার আলোকসমবায়ে ছায়াপথ শ্বেতবর্ণ দেখায়। দূরবীক্ষণে উহা ক্ষুদ্র ক্ষুদ্র তারাময় দেখায়। সর্ উইলিয়ম হর্শেল গণনা করিয়া স্থির করিয়াছেন যে, কেবল ছায়াপথমধ্যে ১৮,০০০,০০০ এক কোটি আশী লক্ষ তারা আছে।

স্ত্রূব গণনা করেন যে, সমগ্র আকাশমণ্ডলে দুই কোটি নক্ষত্র আছে।

মসূর শাকোর্ণাক্ বলেন, "সর্ উইলিয়ম হর্শেলের আকাশসন্ধান এবং রাশিচক্রের চিত্রাদি দেখিয়া, বেসেলের কৃত কটিবন্ধ সকলের তালিকার ভূমিকাতে যেরূপ গড়পড়তা করা আছে, তৎসম্বন্ধে উইসের কৃত নিয়মাবলম্বন করিয়া আমি ইহা গণনা করিয়াছি যে, সমুদায় আকাশে সাত কোটি সত্তর লক্ষ নক্ষত্র আছে।"

এই সকল সংখ্যা শুনিলে হতবুদ্ধি হইতে হয়। যেখানে আকাশে তিন হাজার নক্ষত্র দেখিয়া আমার অসংখ্য নক্ষত্র বিবেচনা করি, সেখানে সাত কোটি সপ্ততি লক্ষের কথা দুরে থাকুক, দুই কোটিই কি ভয়ানক ব্যাপার।

কিন্তু ইহাতে আকাশের নক্ষত্রসংখ্যার শেষ হইল না। দূরবীক্ষণের সাহায্যে গগনাভ্যন্তরে, কতকগুলি ক্ষুদ্র ধূম্রাকার পদার্থ দৃষ্ট হয়। উহাদিগকে নীহারিকা নাম প্রদত্ত হইয়াছে। যে সকল দূরবীক্ষণ অত্যন্ত শক্তিশালী, তাহার সাহায্যে এক্ষণে দেখা গিয়াছে যে, বহুসংখ্যক নীহারিকা কেবল নক্ষত্রপুঞ্জ। অনেক জ্যোতির্ব্বিদ্ বলেন, যে সকল নক্ষত্র আমরা শুধু চক্ষে বা দূরবীক্ষণ দ্বারা গগনে বিকীর্ণ দেখিতে পাই, তৎসমুদায় একটি মাত্র নাক্ষত্রিক জগৎ। অসংখ্য নক্ষত্রময় ছায়াপথ এই নাক্ষত্রিক বিশ্বের অন্তর্গত। এমন অন্যান্য নাক্ষত্রিক জগৎ আছে। এই সকল দূর-দৃষ্ট তারাপুঞ্জময়ী নীহারিকা স্বতন্ত্র স্বতন্ত্র নাক্ষত্রিক জগৎ। সমুদ্রতীরে যেমন বালি, বনে যেমন পাতা, একটি নীহারিকাতে নক্ষত্ররাশি তেমনি অসংখ্য এবং ঘনবিন্যস্ত। এই সকল নীহারিকান্তর্গত নক্ষত্রসংখ্যা ধরিলে সাত কোটি সত্তর লক্ষ কোথায় ভাসিয়া যায়। কোটি কোটি নক্ষত্র আকাশমণ্ডলে বিচরণ করিতেছে বলিলে অত্যুক্তি হয় না। এই আশ্চর্য্য ব্যাপার ভাবিতে ভাবিতে মনুষ্যবুদ্ধি চিন্তায় অশক্ত হইয়া উঠে। চিত্ত বিস্ময়বিহ্বল হইয়া যায়। সর্ব্বত্রগামিনী মনুষ্যবুদ্ধিরও গগনসীমা দেখিয়া চিত্ত নিরস্ত হয়।

এই কোটি কোটি নক্ষত্র সকলই সূর্য্য। আমরা যে এক সূর্য্যকে সূর্য্য বলি, সে কত বড় প্রকাণ্ড বস্তু, তাহা সৌরবিপ্লব সম্বন্ধীয় প্রস্তাবে বর্ণিত হইয়াছে। ইহা পৃথিবী অপেক্ষা ত্রয়োদশ লক্ষ গুণ বৃহৎ। নাক্ষত্রিক জগৎমধ্যস্থ অনেকগুলি নক্ষত্র যে, এ সূর্য্যোপেক্ষাও বৃহৎ, তাহা এক প্রকার স্থির হইয়াছে। এমন কি, সিরিয়স (Sirius) নামে নক্ষত্র এই সূর্য্যের ২৬৬৮ গুণ বৃহৎ, ইহা স্থির হইয়াছে। কোন কোন নক্ষত্র যে, এ সূর্য্যাপেক্ষা আকারে কিছু ক্ষুদ্রতর, তাহাও গণনা দ্বারা স্থির হইয়াছে। এইরূপ ছোট বড় মহাভয়ঙ্কর আকারবিশিষ্ট, মহাভয়ঙ্কর তেজোময় কোটি কোটি সূর্য্য অনন্ত আকাশে বিচরণ করিতেছে। যেমন আমাদিগের সৌরজগতের মধ্যবর্ত্তী সূর্য্যকে ঘেরিয়া গ্রহ উপগ্রহাদি ভ্রমিতেছে, সন্দেহ নাই। তবে জগতে জগতে কত কোটি কোটি সূর্য্য, কত কোটি কোটি পৃথিবী, তাহা কে ভাবিয়া উঠিতে পারে? এ আশ্চর্য্য কথা কে বুদ্ধিতে ধারণা করিতে পারে? যেমন পৃথিবীর মধ্যে এক কণা বালুকা, জগৎমধ্যে এই সসাগরা পৃথিবী তদপেক্ষাও সামান্য, রেণুমাত্র,-বালুকার বালুকাও নহে।

তদুপরি মনুষ্য কি সামান্য জীব! এ কথা ভাবিয়া কে আর আপন মনুষ্যত্ব লইয়া গর্ব্ব
করিবে?

ধূলা

Dust

ধূলার মত সামান্য পদার্থ আর সংসারে নাই। কিন্তু আচার্য্য টিণ্ডল ধূলা সম্বন্ধে একটি দীর্ঘ প্রস্তাব লিখিয়াছেন। আচার্য্যের ঐ প্রবন্ধটি দীর্ঘ এবং দুরূহ, তাহা সংক্ষেপে এবং সহজে বুঝান অতি কঠিন কর্ম্ম। আমরা কেবল টিণ্ডল সাহেবকৃত সিদ্ধান্তগুলিই এ প্রবন্ধে সন্নিবেশিত করিব, যিনি তাঁহার প্রমাণ জিজ্ঞাসু হইবেন, তাঁহাকে আচার্য্যের প্রবন্ধ পাঠ করিতে হইবে।

১। ধূলা, এই পৃথিবীতলে এক প্রকার সর্ব্বব্যাপী। আমরা যাহা পরিষ্কার করিয়া রাখি না কেন, তাহা মুহূর্ত্ত জন্য ধূলা ছাড়া নহে। যত "বাবুগিরি" করি না কেন, কিছুতেই ধূলা হইতে নিষ্কৃতি নাই। যে বায়ু অত্যন্ত পরিষ্কার বিবেচনা করি, তাহাও ধূলায় পূর্ণ। সচরাচর ছায়ামধ্যে কোন রন্ধ্র-নিপতিত রৌদ্রে দেখিতে পাই, যে বায়ু পরিষ্কার দেখাইতেছিল, তাহাতেও ধূলা চিক্‌চিক্ করিতেছে। সচরাচর বায়ু যে এরূপ ধূলাপূর্ণ, তাহা জানিবার জন্য আচার্য্য টিণ্ডলের উপদেশের আবশ্যকতা নাই, সকলেই তাহা জানে। কিন্তু বায়ু ছাঁকা যায়। আচার্য্য বহুবিধ উপায়ের দ্বারা বায়ু অতি পরিপাটী করিয়া ছাঁকিয়া দেখিয়াছেন। তিনি অনেক চোঙ্গার ভিতর দ্রাবকাদি পূরিয়া তাহার ভিতর দিয়া বায়ু ছাঁকিয়া লইয়া গিয়া পরীক্ষা করিয়া দেখিয়াছেন যে, তাহাও ধূলায় পরিপূর্ণ। এইরূপ ধূলা অদৃশ্য; কেন না, তাহার কণাসকল অতি ক্ষুদ্র। রৌদ্রেও উহা অদৃশ্য। অণুবীক্ষণ যন্ত্রের দ্বারাও অদৃশ্য, কিন্তু বৈদ্যুতিক প্রদীপের আলোক রৌদ্রাপেক্ষাও উজ্জ্বল। উহার আলোক ঐ ছাঁকা বায়ুর মধ্যে প্রেরণ করিয়া তিনি দেখিয়াছেন যে, তাহাতেও ধূলা চিক্‌চিক্ করিতেছে। যদি এত যন্ত্রপরিষ্কৃত বায়ুতেও ধূলা, তবে সচরাচর ধনী লোকে যে ধূলা নিবারণ করিবার উপায় করেন, তাহাতে ধূলা নিবারণ হয় না, ইহা বলা বাহুল্য। ছায়ামধ্যে রৌদ্র না পড়িলে রৌদ্রে ধূলা দেখা যায় না, কিন্তু রৌদ্রমধ্যে উজ্জ্বল বৈদ্যুতিক আলোকের রেখা প্রেরণ করিলে ঐ ধূলা দেখা যায়। অতএব আমরা যে বায়ু মুহূর্ত্তে মুহূর্ত্তে নিশ্বাসে গ্রহণ করিতেছি, তাহা ধূলিপূর্ণ। যাহা কিছু ভোজন করি, তাহা ধূলিপূর্ণ; কেন না, বায়ুস্থিত ধূলিরাশি দিবারাত্র সকল পদার্থের উপর বর্ষণ হইতেছে। আমরা যে কোন জল পরিষ্কৃত করি না কেন, উহা ধূলিপূর্ণ। কলিকাতার জল পলতার কলে পরিষ্কৃত হইতেছে বলিয়া তাহা ধূলিশূন্য নহে। ছাঁকিলে ধূলা যায় না।

২। এই ধূলা বাস্তবিক সমুদায়ংশই ধূলা নহে। তাহার অনেকাংশ জৈব পদার্থ। যে সকল অদৃশ্য ধূলিকণার কথা উপরে বলা গেল, তাহার অধিক ভাগ ক্ষুদ্র ক্ষুদ্র জীব। যে ভাগ জৈব নহে, তাহা অধিকতর গুরুত্ববিশিষ্ট; এজন্য তাহা বায়ুপরি তত ভাসিয়া বেড়ায় না। অতএব আমরা প্রতি নিশ্বাসে শত শত ক্ষুদ্র ক্ষুদ্র জীব দেহমধ্যে গ্রহণ করিয়া থাকি; জলের সঙ্গে সহস্র সহস্র পান করি; রাক্ষসবৎ অনেককে আহার করি। লণ্ডনের আটটি কোম্পানীর কলে ছাঁকা পানীয় জল টিণ্ডল সাহেব পরীক্ষা করিয়া দেখিয়াছেন, এতদ্ভিন্ন তিনি আরও অনেক প্রকার জল পরীক্ষা করিয়া দেখিয়াছেন। তিনি পরীক্ষা করিয়া সিদ্ধান্ত করিয়াছেন যে, জল সম্পূর্ণরূপে পরিষ্কার করা মনুষ্য-সাধ্যাতীত। যে জল স্ফাটিক পাত্রে রাখিলে বৃহৎ হীরকখণ্ডের ন্যায় স্বচ্ছ বোধ হয়, তাহাও সমল, কীটাণুপূর্ণ। জৈনেরা একথা স্মরণ রাখিবেন।

৩। এই সর্ব্বব্যাপী ধূলিকণা সংক্রামক পীড়ার মূল। অনতিপূর্ব্বে সর্ব্বত্র এই মত প্রচলিত ছিল যে, কোন এক প্রকার পচনশীল নির্জ্জীব জৈব পদার্থ (Malaria) কর্ত্তৃক

সংক্রামক পীড়ার বিস্তার হইয়া থাকে। এ মত ভারতবর্ষে অদ্যাপি প্রবল। ইউরোপে এ বিশ্বাস এক প্রকার উচ্ছিন্ন হইতেছে। আচার্য্য টিণ্ডল প্রভৃতির বিশ্বাস এই যে, সংক্রামক পীড়ার বিস্তারের কারণ সজীব পীড়াবীজ (Germ)। ঐ সকল পীড়াবীজ বায়ুতে এবং জলে ভাসিতে থাকে; এবং শরীরমধ্যে প্রবিষ্ট হইয়া তথায় জীবজনক হয়। জীবের শরীরমধ্যে অসংখ্য জীবের আবাস। কেশে উৎকুণ, উদরে কৃমি, ক্ষতে কীট, এই কয়টি মনুষ্য-শরীরে সাধারণ উদাহরণ। পশু মাত্রেরই গাত্রমধ্যে কীটসমূহের আবাস। জীবতত্ত্ববিদেরা অবধারিত করিয়াছেন যে, ভূমে, জলে বা বায়ুতে যত জাতীয় জীব আছে, তদপেক্ষা অধিক জাতীয় জীব অন্য জীবের শরীরবাসী। যাহাকে উপরে "পীড়াবীজ" বলা হইয়াছে, তাহাও জীবশরীরবাসী জীব বা জীবোৎপাদক বীজ। শরীরমধ্যে প্রবিষ্ট হইলে তদুৎপাদ্য জীবের জন্ম হইতে থাকে। এই সকল শোণিতনিবাসী জীবের জনকতাশক্তি অতি ভয়ানক। যাহার শরীরমধ্যে ঐ প্রকার পীড়াবীজ প্রবিষ্ট হয়, সে সংক্রামক পীড়াগ্রস্ত হয়। ভিন্ন ভিন্ন পীড়ার ভিন্ন ভিন্ন বীজ। সংক্রামক জ্বরের বীজে জ্বর উৎপন্ন হয়; বসন্তের বীজ বসন্ত জন্মে; ওলাওঠার বীজে ওলাওঠাঃ ইত্যাদি।

৪। পীড়াবীজে কেবল সংক্রামক রোগ উৎপন্ন হয়, এমত নহে। ক্ষতাদি যে শুকায় না, ক্রমে পচে, দুর্গন্ধ হয়, দুরারোগ্য হয়, ইহাও অনেক সময়ে এই সকল ধূলিকণারূপী পীড়াবীজের জন্য। ক্ষতমুখ কখনই এমত আচ্ছন্ন রাখা যাইতে পারে না যে, অদৃশ্য ধূলা তাহাতে লাগিবে না। নিতান্ত পক্ষে তাহা ডাক্তারের অস্ত্র-মুখে ক্ষতমধ্যে প্রবেশ করিবে। ডাক্তার যতই অস্ত্র পরিষ্কার রাখুন না কেন, অদৃশ্য ধূলিপুঞ্জের কিছুতেই নিবারণ হয় না। কিন্তু ইহার একটি সুন্দর উপায় আছে। ডাক্তারেরা প্রায় তাহা অবলম্বন করেন। কার্ব্বলিক আসিড নামক দ্রাবক বীজঘাতী; তাহা জল মিশাইয়া ক্ষতমুখে বর্ষণ করিতে থাকিলে প্রবিষ্ট বীজসকল মরিয়া যায়। ক্ষতমুখে পরিষ্কৃত তুলা বাঁধিয়া রাখিলেও অনেক উপকার হয়; কেন না, তুলা বায়ু পরিষ্কৃত করিবার একটি উৎকৃষ্ট উপায়।

গগনপর্য্যটন

Aerostation

পুরাণ ইতিহাসাদিতে কথিত আছে, পূর্ব্বকালে ভারতবর্ষীয় রাজগণ আকাশ-মার্গে রথ চালাইতেন। কিন্তু আমাদের পূর্ব্বপুরুষদিগের কথা স্বতন্ত্র, তাঁহারা সচরাচর এপাড়া ওপাড়ার ন্যায়, স্বর্গলোকে বেড়াইতে যাইতেন, কথায় কথায় সমুদ্রকে গণ্ডূষ করিয়া ফেলিতেন; কেহ জগদীশ্বরকে অভিশপ্ত করিতেন, কেহ তাঁহাকে যুদ্ধে পরাস্ত করিতেন। প্রাচীন ভারতবর্ষীয়দিগের কথা স্বতন্ত্র; সামান্য মনুষ্যদিগের কথা বলা যাউক।

সামান্য মনুষ্যের চিরকাল বড় সাধ গগন পর্য্যটন করে। কথিত আছে, তারন্তম নগরবাসী আর্কাইতস নামক এক ব্যক্তি ৪০০ খ্রীষ্টাব্দে একটি কাষ্ঠের পক্ষী প্রস্তুত করিয়াছিল; তাহা কিয়ৎক্ষণ জন্য আকাশে উঠিতে পারিয়াছিল। ৬৬ খ্রীষ্টাব্দে, সাইমন নামক এক ব্যক্তি রোম নগরে প্রাসাদ হইতে প্রাসাদে উড়িয়া বেড়াইবার উদ্যোগ পাইয়াছিল। এবং তৎপরে কনস্তান্তিনোপল নগরে একজন মুসলমান ঐরূপ চেষ্টা করিয়াছিল। পঞ্চদশ শতাব্দীর দান্তে নামক একজন গণিতশাস্ত্রবিৎ পক্ষ নির্ম্মাণ করিয়া আপন অঙ্গে সমাবেশ করিয়া থ্রাসিমীন হ্রদের উপর উঠিয়া গগনমার্গে পরিভ্রমণ করিয়াছিলেন। ঐরূপ করিতে করিতে একদিন উচ্চ অট্টালিকার উপর পড়িয়া তাঁহার পদ ভগ্ন হয়। মাম্‌স্‌বরিনিবাসী অলিবর নামক একজন ইংরেজেরও সেই দশা ঘটে। ১৬৩৮ সালে গোল্‌ডউইন নামক এক ব্যক্তি শিক্ষিত হংসদিগের সাহায্যে উড়িতে চেষ্টা করেন। ১৬৭৮ সালে বেনিয়র নামক একজন ফরাসী পক্ষ প্রস্তুতপূর্ব্বক হস্ত পদে বাঁধিয়া উড়িয়াছিল। ১৭১০ সাল লরেন্ত দে গুজমান্‌ নামক একজন ফরাসী দারুনির্ম্মিত বায়ুপূর্ণ পক্ষীর পৃষ্ঠে আরোহণ করিয়া আকাশে উঠিয়াছিল। মার্কুইস্‌ দে বাকবিল নামক একজন আপন অট্টালিকা হইতে উড়িতে চেষ্টা করিয়া নদীগর্ব্ভে পতিত হন। বানাসার্ডেরও এই দশা ঘটিয়াছিল।

১৭৬৭ সালে বিখ্যাত রসায়নবিদ্যার আচার্য্য ডাক্তার বাক প্রচার করেন যে, জলজন বায়ু-পরিপূর্ণ পাত্র আকাশে উঠিতে পারে। আচার্য্য কাবালো ইহা পরীক্ষার দ্বারা প্রমাণীকৃত করেন, কিন্তু তখনও ব্যোমযানের কল্পনা হয় নাই।

ব্যোমযানের সৃষ্টিকর্ত্তা মোনগোল্‌ফীর নামক ফরাসী। কিন্তু তিনি জলজন বায়ুর সাহায্য অবলম্বন করেন নাই। তিনি প্রথমে কাগজের বা বস্ত্রের গোলক নির্ম্মাণ করিয়া তন্মধ্যে উত্তপ্ত বায়ু পূরিতেন। উত্তপ্ত হইলে বায়ু লঘুতর হয়, সুতরাং তৎসাহায্যে গোলকসকল ঊর্দ্ধে উঠিত। আচার্য্য চার্লস প্রথমে জলজন বায়ুপূরিত ব্যোমযানের সৃষ্টি করেন। গ্লোব নামক ব্যোমযানে উক্ত বায়ু পূর্ণ করিয়া প্রেরণ করেন; তাহাতে সাহস করিয়া কোন মনুষ্য আরোহণ করে নাই। রাজপুরুষেরাও প্রাণিহত্যার ভয়প্রযুক্ত কাহাকেও আরোহণ করিতে দেন নাই। এই ব্যোমযান কিয়দ্দূর উঠিয়া ফাটিয়া যায়, জলজন বাহির হইয়া যাওয়ায়, ব্যোমযান তৎক্ষণাৎ ভূপতিত হয়। গোনেশ নামক ক্ষুদ্র গ্রামে উহা পতিত হয়। অদৃষ্টপূর্ব্ব খেচর দেখিয়া, গ্রাম্য লোকে ভীত হইয়া, মহা কোলাহল আরম্ভ করে।

অনেকে একত্রিত হইয়া গ্রাম্য লোকেরা দেখিতে আইল যে, কিরূপ জন্তু আকাশ হইতে নামিয়াছে। দুই জন ধর্ম্মযাজক বলিলেন যে, ইহা কোন অলৌকিক জীবের দেহাবশিষ্ট চর্ম্ম। শুনিয়া গ্রামবাসিগণ তাহাতে ঢিল মারিতে আরম্ভ করিল, এবং খোঁচা দিতে লাগিল। তন্মধ্যে ভূত আছে, বিবেচনা করিয়া, গ্রাম্য লোকেরা ভূত শান্তির জন্য দলবদ্ধ হইয়া মন্ত্র পাঠপূর্ব্বক

গ্রাম প্রদক্ষিণ করিতে লাগিল, পরিশেষে মন্ত্রবলে ভূত ছাড়িয়া পলায় কি না দেখিবার জন্য, আবার ধীরে ধীরে সেইখানে ফিরিয়া আসিল। ভূত তথাপি যায় না-বায়ুসংস্পর্শে নানাবিধ অঙ্গভঙ্গী করে। পরে একজন গ্রাম্য বীর, সাহস করিয়া তৎপ্রতি বন্দুক ছাড়িল। তাহাতে ব্যোমযানের আবরণ ছিদ্রবিশিষ্ট হওয়াতে, বায়ু বাহির হইয়া, রাক্ষসের শরীর আরও শীর্ণ হইল। দেখিয়া সাহস পাইয়া, আর একজন বীর গিয়া তাহাতে অস্ত্রাঘাত করিল। তখন ক্ষতমুখ দিয়া বহুল পরিমাণে জলজন নির্গত হওয়ায়, বীরগণ তাহার দুর্গন্ধে ভয় পাইয়া রণে ভঙ্গ দিয়া পলায়ন করিল। কিন্তু এ জাতীয় রাক্ষসের শোণিত ঐ বায়ু। তাহা ক্ষতমুখে নির্গত হইয়া গেলে, রাক্ষস ছিন্নমুণ্ড ছাগের ন্যায় "ধড়ফড়" করিয়া মরিয়া গেল। তখন বীরগণ প্রত্যাগত হইয়া তাহাকে অশ্বপুচ্ছে বন্ধনপূর্ব্বক লইয়া গেলেন। এদেশে হইলে সঙ্গে সঙ্গে একটি রক্ষাকালী পূজা হইত, এবং ব্রাহ্মণেরা চণ্ডীপাঠ করিয়া কিছু লাভ করিতেন। তার পরে, মোনগোল্‌ফীর আবার আগ্নেয় ব্যোমযান (অর্থাৎ যাহাতে জলজন না পূরিয়া, উত্তপ্ত সামান্য বায়ু পূরিত হয়) বর্ষেল হইতে প্রেরণ করিলেন। তাহাতে আধুনিক বেলুনের ন্যায় একখানি "রথ" সংযোজন করিয়া দেওয়া হইয়াছিল। কিন্তু সে বারও মনুষ্য উঠিল না। সেই রথে চড়িয়া একটি মেষ, একটি কুক্কুট ও একটি হংস স্বর্গ পরিভ্রমণে গমন করিয়াছিল। পরে স্বচ্ছন্দে গগনবিহার করিয়া, তাহারা সশরীরে মর্ত্যধামে ফিরিয়া আসিয়াছিল। তাহারা পুণ্যবান্ সন্দেহ নাই।

এক্ষণে ব্যোমযানে মনুষ্য উঠিবার প্রস্তাব হইতে লাগিল। কিন্তু প্রাণিহত্যার আশঙ্কায় ফ্রান্সের অধিপতি, তাহাতে অসম্মতি প্রকাশ করিলেন। তাঁহার অভিপ্রায় যে, যদি ব্যোমযানে মনুষ্য উঠে, তবে যাহারা বিচারালয়ে প্রাণদণ্ডের আজ্ঞাধীন হইয়াছে, এমত দুই ব্যক্তি উঠুক-মরে মরিবে। শুনিয়া পিলাতর দে রোজীর নামক একজন বৈজ্ঞানিকের বড় রাগ হইল-"কি! আকাশ-মার্গে প্রথম ভ্রমণ করার যে গৌরব, তাহা দুর্ব্বৃত্ত নরাধমদিগের কপালে ঘটিবে!" একজন রাজ-পুরস্ত্রীর সাহায্যে রাজার মত ফিরাইয়া তিনি মার্কুইস দার্লান্দের সমভিব্যাহারে ব্যোমযানে আরোহণ করিয়া আকাশপথে পর্য্যটন করেন। সে বার নির্ব্বিঘ্নে পৃথিবীতে ফিরিয়া আসিয়াছিলেন, কিন্তু তাহার দুই বৎসর পরে-আবার ব্যোমযানে আরোহণপূর্ব্বক, সমুদ্র পার হইতে গিয়া, অধঃপতিত হইয়া প্রাণত্যাগ করেন। যাহা হউক, তিনিই মনুষ্যমধ্যে প্রথম গগন পর্য্যটক। কেন না, দুষ্মন্ত, পুরুরবা, কৃষ্ণার্জ্জুন প্রভৃতিকে মনুষ্য বিবেচনা করা অতি ধৃষ্টের কাজ! আর যিনি জয় রাম বলিয়া পঞ্চমবায়ুপথে সমুদ্র পার হইয়াছিলেন, তিনিও মনুষ্য নহেন, নচেৎ তাঁহাকে এই পদে অভিষিক্ত করার আমাদিগের আপত্তি ছিল না।

দে রোজীরের পরেই চার্লস্ ও রবর্ট একত্রে, রাজভবন হইতে, ছয় লক্ষ দর্শকের সমক্ষে জলজনীয় ব্যোমযানে উড্ডীন হয়েন। এবং প্রায় ১৪,০০০ ফিট ঊর্দ্ধে উঠেন।

ইহার পরে ব্যোমযানারোহণ বড় সচরাচর ঘটিতে লাগিল। কিন্তু অধিকাংশই আমোদের জন্য। বৈজ্ঞানিক তত্ত্ব পরীক্ষার্থ যাঁহারা আকাশ-পথে বিচরণ করিয়াছেন, তন্মধ্যে ১৮০৪ সালে গাই লুসাকের আরোহণই বিশেষ বিখ্যাত। তিনি একাকী ২৩,০০০ ফিট ঊর্দ্ধে উঠিয়া নানাবিধ বৈজ্ঞানিক তত্ত্বের মীমাংসা করিয়াছিলেন। ১৮৩৬ সালে গ্রীন এবং হলণ্ড সাহেব, পনের দিবসের খাদ্যাদি বেলুনে তুলিয়া লইয়া, ইংলণ্ড হইতে গগনারোহণ করেন। তাঁহারা সমুদ্র পার হইয়া, আঠার ঘন্টার মধ্যে জর্ম্মানীর অন্তর্গত উইলবর্গ নামক নগরের নিকট অবতরণ করেন। গ্রীন অতি প্রসিদ্ধ গগন পর্য্যটক ছিলেন। তিনি প্রায় চতুর্দ্দশ শত বার গগনারোহণ করিয়াছিলেন। তিনবার, বায়ুপথে সমুদ্রপার হইয়াছিলেন-অতএব, কলিযুগেও রামায়ণের দৈববলসম্পন্ন কার্য্যসকল পুনঃ সম্পাদিত হইতেছে। গ্রীন দুইবার সমুদ্রমধ্যে পতিত হয়েন-এবং কৌশলে প্রাণরক্ষা করেন। কিন্তু বোধ হয়, জেম্‌স্‌গ্লেশর অপেক্ষা কেহ অধিক ঊর্দ্ধে উঠিতে পারেন নাই। তিনি ১৮৬২ সালে উল্বর্হামটন হইতে উড্ডীন হইয়া প্রায় সাত

মাইল ঊর্দ্ধে উঠিয়াছিলেন। তিনি বহুশতবার গগনোপরি ভ্রমণপূর্ব্বক, বহুবিধ বৈজ্ঞানিক তত্ত্বের পরীক্ষা করিয়াছিলেন। সম্প্রতি আমেরিকার গগন-পর্য্যটক ওয়াইজ সাহেব, ব্যোমযানে আমেরিকা হইতে আটলান্টিক মহাসাগর পার হইয়া ইউরোপে আসিবার কল্পনায়, তাহার যথাযোগ্য উদ্যোগ করিয়া যাত্রা করিয়াছিলেন। কিন্তু সমুদ্রোপরি আসিবার পূর্ব্বে বাত্যামধ্যে পতিত হইয়া অবতরণ করিতে বাধ্য হইয়াছিলেন। কিন্তু সাহস অতি ভয়ানক!

পাঠকদিগের অদৃষ্টে সহসা যে গগন-পর্য্যটক সুখ ঘটিবে, এমত বোধ হয় না, এজন্য গগন-পর্য্যটকেরা আকাশে উঠিয়া কিরূপ দেখিয়া আসিয়াছেন, তাহা তাঁহাদিগের প্রণীত পুস্তকাদি হইতে সংগ্রহ করিয়া এস্থলে সন্নিবেশ করিলে বোধ হয়, পাঠকেরা অসন্তুষ্ট হইবেন না। সমুদ্র নামটি কেবল জলসমুদ্রের প্রতি ব্যবহৃত হইয়া থাকে; কিন্তু যে বায়ু কর্ত্তৃক পৃথিবী পরিবেষ্টিত, তাহাও সমুদ্রবিশেষ, জলসমুদ্র হইতে ইহা বৃহত্তর। আমরা এই বায়বীয় সমুদ্রের তলচর জীব। ইহাতেও মেঘের উপদ্বীপ, বায়ুর স্রোতঃ প্রভৃতি আছে। তদ্বিষয়ে কিছু জানিলে ক্ষতি নাই।

ব্যোমযান অল্প উচ্চ গিয়াই মেঘসকল বিদীর্ণ করিয়া উঠে। মেঘের আবরণে পৃথিবী দেখা যায় না, অথবা কদাচিৎ দেখা যায়। পদতলে অচ্ছিন্ন, অনন্ত দ্বিতীয় বসুন্ধরাবৎ মেঘজাল বিস্তৃত। এই বাষ্পীয় আবরণে ভূগোলক আবৃত; যদি গ্রহান্তরে জ্ঞানবান্ জীব থাকে, তবে তাহারা পৃথিবীর বাষ্পীয়াবরণই দেখিতে পায়; পৃথিবী তাহাদিগের প্রায় অদৃশ্য। তদ্রূপ আমরাও বৃহস্পতি প্রভৃতি গ্রহগণের রৌদ্রপ্রদীপ্ত, রৌদ্রপ্রতিঘাতী, বাষ্পীয় আবরণ দেখিতে পাই। আধুনিক জ্যোতির্ব্বিদ্গণের এইরূপ অনুমান।

এইরূপ পৃথিবী হইতে সম্বন্ধরহিত হইয়া, মেঘময় জগতের উপরে স্থিত হইয়া দেখা যায় যে, সর্ব্বত্র জীবশূন্য, শব্দশূন্য, গতিশূন্য, স্থির নীরব। মস্তকোপরে আকাশ অতি নিবিড় নীল-সে নীলিমা আশ্চর্য্য। আকাশ বস্তুতঃ চিরান্ধকার-উহার বর্ণ গভীর কৃষ্ণ। অমাবস্যার রাত্রে প্রদীপশূন্য গৃহমধ্যে সকল দ্বার ও গবাক্ষ রুদ্ধ করিয়া থাকিলে যেরূপ অন্ধকার দেখিতে পাওয়া যায়, আকাশের প্রকৃত বর্ণ তাহাই। তন্মধ্যে স্থানে স্থানে নক্ষত্রসকল প্রচণ্ড জ্বালাবিশিষ্ট। কিন্তু তদালোকে অনন্ত আকাশের অনন্ত অন্ধকার বিনষ্ট হয় না-কেন না, এই সকল প্রদীপ বহুদূরস্থিত। তবে যে আমরা আকাশকে অন্ধকারময় না দেখিয়া উজ্জ্বল দেখি, তাহার কারণ বায়ু। সকলেই জানেন, সূর্য্যালোক সপ্তবর্ণময়। স্ফটিকের দ্বারা বর্ণগুলি পৃথক্ করা যায়-সপ্ত বর্ণের সংমিশ্রণে সূর্য্যালোক । বায়ু জড় পদার্থ, কিন্তু বায়ু আলোকের পথ রোধ করে না। বায়ু সূর্য্যালোকের অন্যান্য বর্ণের পথ ছাড়িয়া দেয়, কিন্তু নীলবর্ণকে রুদ্ধ করে। রুদ্ধ বর্ণ, বায়ু হইতে প্রতিহত হয়। সেই সকল প্রতিহত বর্ণাত্মক আলোক-রেখা আমাদের চক্ষুতে প্রবেশ করায়, আকাশ উজ্জ্বল নীলিমাবিশিষ্ট দেখি-অন্ধকার দেখি না।* কিন্তু যত ঊর্দ্ধে উঠা যায়, বায়ুস্তর তত ক্ষীণতর হয়, গাগনিক উজ্জ্বল নীলবর্ণ ক্ষীণতর হয়; আকাশের কৃষ্ণত্ব কিছু কিছু সেই আবরণ ভেদ করিয়া দেখিতে পাওয়া যায়। এই জন্য ঊর্দ্ধলোকে গাঢ় নীলিমা।

শিরে এই গাঢ় নীলিমা-পদতলে, তুঙ্গ শৃঙ্গবিশিষ্ট পর্ব্বতমালায় শোভিত মেঘলোক-সে পর্ব্বতমালাও বাষ্পীয়-মেঘের পর্ব্বত-পর্ব্বতের উপর পর্ব্বত, তদুপরি আরও পর্ব্বত-কেহ বা কৃষ্ণমধ্য, পার্শ্বদেশ রৌদ্রের প্রভাবিশিষ্ট-কেহ বা রৌদ্রস্নাত, কেহ যেন শ্বেত প্রস্তর-নির্ম্মিত, কেহ যেন হীরক-নির্ম্মিত। এই সকল মেঘের মধ্য দিয়া ব্যোমযান চলে। তখন, নীচে মেঘ, উপরে মেঘ, দক্ষিণে মেঘ, বামে মেঘ, সম্মুখে মেঘ, পশ্চাতে মেঘ। কোথায় বিদ্যুৎ চমকিতেছে, কোথাও ঝড় বহিতেছে, কোথাও বৃষ্টি হইতেছে, কোথাও বরফ পড়িতেছে। মসূর ফন্‌বিল একবার একটি মেঘগর্ভস্থ রন্ধ্র দিয়া ব্যোমযানে গমন করিয়াছিলেন; তাঁহার কৃত

বর্ণনা পাঠ করিয়া বোধ হয়, যেমন মুঙ্গেরের পথে পর্ব্বতমধ্য দিয়া, বাষ্পীয় শকট গমন করে, তাঁহার ব্যোমযান মেঘমধ্য দিয়া, সেইরূপ পথে গমন করিয়াছিল।

এই মেঘলোকে সূর্য্যোদয় এবং সূর্য্যাস্ত অতি আশ্চর্য্য দৃশ্য-ভূলোকে তাহার সাদৃশ্য অনুমিত হয় না। ব্যোমযানে আরোহণ করিয়া অনেকে এক দিনে দুইবার সূর্য্যাস্ত দেখিয়াছেন। এবং কেহ কেহ এক দিনে দুইবার সূর্য্যোদয় দেখিয়াছেন। একবার সূর্য্যাস্তের পর রাত্রিসমাগম দেখিয়া, আবার ততোধিক ঊর্দ্ধে উঠিলে দ্বিতীয় বার সূর্য্যাস্ত দেখা যাইবে এবং একবার সূর্য্যোদয় দেখিয়া, আবার নিম্নে নামিলে সেই দিন দ্বিতীয় বার সূর্য্যোদয় অবশ্য দেখা যাইবে।

ব্যোমযান হইতে যখন পৃথিবী দেখা যায়, তখন উহা বিস্তৃত মানচিত্রের ন্যায় দেখায়; সর্ব্বত্র সমতল–অট্টালিকা, বৃক্ষ, উচ্চভূমি এবং অল্পোন্নত মেঘও, যেন সকলই অনুচ্চ, সকলই সমতল, ভূমিতে চিত্রিতবৎ দেখায়। নগরসকল যেন ক্ষুদ্র ক্ষুদ্র গঠিত প্রতিকৃতি, চলিয়া যাইতেছে বোধ হয়। বৃহৎ জনপদ উদ্যানের মত দেখায়। নদী শ্বেত সূত্র বা উরগের মত দেখায়। বৃহৎ অর্ণবযানসকল বালকের ক্রীড়ার জন্য নির্ম্মিত তরণীর মত দেখায়। যাঁহারা লণ্ডন বা পারিস নগরীর উপর উত্থান করিয়াছেন, তাঁহারা দৃশ্য দেখিয়া মুগ্ধ হইয়াছেন,- তাঁহারা প্রশংসা করিয়া ফুরাইতে পারেন নাই। গ্লেশর সাহেব লিখিয়াছিলেন যে, তিনি লণ্ডনের উপর উঠিয়া এককালে ত্রিশ লক্ষ মনুষ্যের বাস-গৃহ নয়নগোচর করিয়াছিলেন। রাত্রিকালে মহানগরীসকলের রাজপথস্থ দীপমালাসকল অতি রমণীয় দেখায়।

যাঁহারা পর্ব্বতে আরোহণ করিয়াছেন, তাঁহারা জানেন যে, যত ঊর্দ্ধে উঠা যায়, তত তাপের অল্পতা। শিমলা, দারজিলিং প্রভৃতি পার্ব্বত্য স্থানের শীতলতার কারণ এই, এবং এই জন্য হিমালয় তুষারমণ্ডিত। (আশ্চর্য্যের বিষয় যে, হিমকে ভারতবর্ষীয় কবি "একো হি দোষো গুণসন্নিপাতে" বিবেচনা করিয়াছিলেন, আধুনিক রাজপুরুষেরা, তাহাকেও গুণ বিবেচনা করিয়া তথায় রাজধানী সংস্থাপন করিয়াছেন।) ব্যোমযানে আরোহণ করিয়া ঊর্দ্ধে উত্থান করিলেও ঐরূপ ক্রমে হিমের আতিশয্য অনুভূত হয়। তাপ, তাপমান যন্ত্রের দ্বারা মিত হইয়া থাকে। যন্ত্র ভাগে ভাগে বিভক্ত। মনুষ্যশোণিত কিছু উষ্ণ, তাহার পরিমাণ ৯৮ ভাগ। ২১২ ভাগ তাপে জল বাষ্প হয়। ৩২ ভাগ তাপে জল তুষারত্ব প্রাপ্ত হয়। (তাপে জল তুষার হয়, এ কোন্ কথা? বাস্তবিক তাপে জল তুষার হয় না, তাপাভাবেই হয়। ৩২ ভাগ তাপ, জলের স্বাভাবিক তাপের অভাববাচক।)

পূর্ব্বে বিজ্ঞানবিদ্গণের সংস্কার ছিল যে, ঊর্দ্ধে তিন শত ফিট প্রতি এক ভাগ তাপ কমে। অর্থাৎ তিন শত ফিট উঠিলে এক ভাগ তাপহানি হইবে-ছয় শত ফিট উঠিলে দুই ভাগ তাপ কমিবে–ইত্যাদি। কিন্তু গ্লেশর সাহেব বহুবার পরীক্ষা করিয়া স্থির করিয়াছেন যে, ঊর্দ্ধে তাপহানি এরূপ একটি সরল নিয়মানুগামী নহে। অবস্থাবিশেষ তাপহানির লাঘব গৌরব ঘটিয়া থাকে। মেঘ থাকিলে, তাপহানি অল্প হয়-কারণ, মেঘ তাপরোধক এবং তাপগ্রাহক। আবার দিবাভাগে যেরূপ তাপহানি ঘটে, রাত্রে সেরূপ নহে। গ্লেশর সাহেবের পরীক্ষার ফল নিম্নলিখিত মত-

ভূমি হইতে হাজার ফিট পর্য্যন্ত মেঘাচ্ছনাবস্থায় তাপহানির পরিমাণ ৪.৫ ভাগ, মেঘ না থাকিলে ৬.২ ভাগ, দশ হাজার ফিট পর্য্যন্ত, মেঘাচ্ছন্নাবস্থায় ২.২ ভাগ, মেঘ না থাকিলে ২ ভাগ। বিশ হাজার ফিট ঊর্দ্ধে, মেঘাচ্ছন্নে ১.১ ভাগ, মেঘ শূন্যে ১.২ ভাগ। ত্রিশ হাজার ফিট ঊর্দ্ধে মোট ৬.২ ভাগ তাপহ্রাস পরীক্ষিত হইয়াছিল ইত্যাদি। তাপহ্রাস হেতু ঊর্দ্ধে স্থানে স্থানে তুষার-কণা (Snow) দৃষ্ট হয়; এবং ব্যোমযান কখন কখন তন্মধ্যে পতিত হয়। ঊর্দ্ধে শীতাধিক্য, অনেক সময়ে যানারোহীদিগের কষ্টকর হইয়া উঠে-এমন কি, অনেক সময়ে হাত পা অবশ হয়, এবং চেতনা অপহৃত হয়।

ঊর্দ্ধে তাপাভাবের কারণ, তপ্ত বা তাপ্য সামগ্রীর অভাব। রৌদ্র ভূমে যেমন প্রখর, ঊর্দ্ধে বরং ততোধিক প্রখরতর বোধ হয়। কিন্তু তাহাতে কি তপ্ত হইবে? ভূমি অতি দূরে, বায়ু অতিক্ষীণ,-অল্পপরিমাণু। দশ বারটি তূলার বস্তা উপপরি রাখিয়া দেখিবেন-উপরিস্থ তূলার ভারে, নিম্নস্থ বস্তার তূলা গাঢ়তর হইয়াছে। তেমনি নিম্নস্থ বায়ুই গাঢ়-উপরিস্থ বায়ু ক্ষীণ। পরীক্ষা দ্বারা স্থির হইয়াছে যে-এক ইঞ্চি দীর্ঘ প্রস্থে, এরূপ ভূমির উপরে যে ভার, তাহার পরিমাণ সাড়ে সাত সের। আমরা মস্তকের উপর অহরহঃ এই ভার বহন করিতেছি-তজ্জন্য কোন পীড়া বোধ করি না কেন? উত্তর "অগাধজলসঞ্চারী" মৎস্য উপরিস্থ বারিরাশির ভারে পীড়িত হয় না কেন? উপরিস্থ বায়ুস্তরসমূহের ভারে নিম্নস্থ বায়ুস্তরসকল ঘনীভূত-যত ঊর্দ্ধে যাওয়া যায়, বায়ু তত ক্ষীণ হইতে থাকে। গগনপর্য্যটকেরা ইহা পরীক্ষা করিয়া জানিয়াছেন, গুরুতা অনুসারে ৩॥ মাইল ঊর্দ্ধের মধ্যেই অর্দ্ধেক বায়ু আছে; এবং পাঁচ ছয় মাইলের মধ্যেই সমুদায় বায়ুর তিন ভাগের দুই ভাগ আছে। এই জন্য ঊর্দ্ধে উঠিতে গেলে, নিশ্বাসপ্রশ্বাসের জন্য অত্যন্ত কষ্ট হয়। মসূর গ্লামারিয়ঁ দশ সহস্র ফিট ঊর্দ্ধে উঠিয়া, প্রথম বারে, যেরূপ কষ্ট অনুভূত করিয়াছিলেন, তাহার বর্ণনা এইরূপ করিয়াছেন, যথা-

"সাতটা বাজিতে এক পোয়া থাকিতে আমার শরীরমধ্যে এক অপূর্ব্ব আভ্যন্তরিক শীতলতা অনুভূত করিতে লাগিলাম। তৎসহিত তন্দ্রা আসিল। কষ্টে নিশ্বাস ফেলিতে লাগিলাম। কর্ণমধ্যে শোঁ শোঁ শব্দ হইতে লাগিল এবং আধ মিনিট কাল, আমার হৃদ্রোগ উপস্থিত হইল। কন্ঠ শুষ্ক হইল। আমি এক পাত্র জল পান করিলাম-তাহাতে উপকার বোধ হইল। যে বোতলে জল ছিল-তাহা ছিপি খুলিবার সময়ে, যেমন শ্যাম্পেনের বোতলের ছিপি সশব্দে বেগে উঠিয়া পড়ে, জলের বোতলের ছিপি খুলিতে সেইরূপ হইল। ইহার কারণ সহজেই বুঝা যাইতে পারে। তখন আমাদিগের মস্তকের উপর বায়ু, এক ভাগ কম হইয়াছিল। যখন বোতলে ছিপি আঁটিয়া গগনে যাত্রা করিয়াছিলাম, তখনকার অপেক্ষা এখনকার বায়ুর ভার এক ভাগ কম হইয়াছিল ।"

দুই একবার গগন-মার্গে যাতায়াত করিলে এ সকল কষ্ট সহ্য হইয়া আইসে, কিন্তু অধিক ঊর্দ্ধে উঠিলে সহিষ্ণু ব্যক্তিরও কষ্ট হয়। গ্লেশর সাহেব এ সকল কষ্টে বিশেষ সহিষ্ণু ছিলেন, কিন্তু ছয় মাইল ঊর্দ্ধে উঠিয়া তিনিও চেতনাশূন্য ও মুমূর্ষু হইয়াছিলেন। ২৯,০০০ ফিট উপরে উঠিলে পর, তাঁহার দৃষ্টি অস্পষ্ট হইয়া আইসে। কিয়ৎক্ষণ পরে তিনি আর তাপমান যন্ত্রের পারদ-স্তম্ভ অথবা ঘড়ির কাঁটা দেখিতে সক্ষম হইলেন না। টেবিলের উপর এক হাত রাখিলেন। যখন টেবিলের উপর হাত রাখিলেন, তখন হস্ত সম্পূর্ণ সবল; কিন্তু তখনই সে হাত আর উঠাইতে পারিলেন না-তাহার শক্তি অন্তর্হিতা হইয়াছিল। তখন দেখিলেন, দ্বিতীয় হস্তও সেই দশাপন্ন হইয়াছে। অবশ। তখন একবার গাত্রালোড়ন করিলেন; গাত্র চালনা করিতে পারিলেন, কিন্তু বোধ হইল, যেন হস্ত-পদাদি নাই। ক্রমে এইরূপে তাঁহার সকল অঙ্গ অবশ হইয়া পড়িল; ভগ্নগ্রীবের ন্যায় মস্তক লম্বিত হইয়া পড়িল, এবং দৃষ্টি একেবারে বিলুপ্ত হইল। এইরূপে তিনি অকস্মাৎ মৃত্যুর আশঙ্কা করিতেছিলেন, এমত সময়ে হঠাৎ তাঁহার চৈতন্যও বিলুপ্ত হইল। পরে ব্যোমযানের "সারথি" রথ নামাইলে তিনি পুনর্ব্বার জ্ঞান প্রাপ্ত হইলেন।

রথ নামাইল কি প্রকারে? ব্যোমযানের গতিও দ্বিবিধ, প্রথম ঊর্দ্ধে হইতে অধঃ বা অধঃ হইতে ঊর্দ্ধে । দ্বিতীয়, দিগন্তরে; যেমন শকটাদি অভিলষিত দিকে যায়, সেইরূপ। ব্যোমযান অভিলষিত দিগন্তরে চালনা করা এ পর্য্যন্ত মনুষ্যের সাধ্যায়ত্ত হয় নাই-চালক মনে করিলে, উত্তরে, পশ্চিমে, বামে বা দক্ষিণে, সম্মুখে বা পশ্চাতে যান চালাইতে পারেন না। বায়ুই ইহার যথার্থ সারথি, বায়ুসারথি যে দিকে লইয়া যায়, ব্যোমযান সেই দিকে চলে। কিন্তু ঊর্দ্ধাধঃ গতি মনুষ্যের আয়ত্ত। ব্যোমযান লঘু করিতে পারিলেই ঊর্দ্ধে উঠিবে এবং

পার্শ্ববর্ত্তী বায়ুর অপেক্ষা গুরু করিতে পারিলেই নামিবে। ব্যোমযানের “রথে” কতকটা বালুকা বোঝাই থাকে; তাহার কিয়দংশ নিক্ষিপ্ত করিলেই পূর্ব্বাপেক্ষা লঘুতা সম্পাদিত হয়-তখন ব্যোমযান আরও ঊর্দ্ধে উঠে। এইরূপে ইচ্ছাক্রমে ঊর্দ্ধে উঠা যায়। আর যে লঘু বায়ু কর্ত্তৃক বেলুন পরিপূরিত থাকায় তাহা গগনমণ্ডলে উঠিতে সক্ষম, তাহার কিয়দংশ নির্গত করিতে পারিলেই উহা নামে। ঐ বায়ু নির্গত করিবার জন্য ব্যোমযানের শিরোভাগে একটি ছিদ্র থাকে। সেই ছিদ্র সচরাচর আবৃত থাকে, কিন্তু তাহার আবরণে একটি দড়ি বাঁধা থাকে; সেই দড়ি ধরিয়া টানিলেই লঘু বায়ু বাহির হইয়া যায়; ব্যোমযান নামিতে থাকে।

দিগন্তরে গতি মনুষ্যের সাধ্যায়ত্ত নহে বটে, কিন্তু মনুষ্য বায়ুর সাহায্য অবলম্বন করিতে সক্ষম। আশ্চর্য্যের বিষয় এই যে, ভিন্ন ভিন্ন স্তরে ভিন্ন ভিন্ন দিগভিমুখে বায়ু বহিতে থাকে। যখন ব্যোমারোহী ভূমির উপরে দক্ষিণ বায়ু দেখিয়া, যানারোহণ করিলেন, তখনই হয়ত, কিয়দ্দূর উঠিয়া দেখিলেন যে, বায়ু উত্তরে; আরও উঠিলে হয়ত দেখিবেন যে, বায়ু পূর্ব্বে, কি পুনশ্চ দক্ষিণে ইত্যাদি। কোন্ স্তরে কোন্ সময়ে কোন্ দিকে বায়ু বহে, ইহা যদি মনুষ্যের জানা থাকিত, তাহা হইলে ব্যোমযান মনুষ্যের আজ্ঞাকারী হইত। যাঁহারা সুচতুর, তাঁহারা কখন কখন বায়ুর গতি অবধারিত করিয়া স্বেচ্ছাক্রমে গগন পর্য্যটন করিয়াছেন। ১৮৬৮ সালের আগষ্ট মাসে মসূর তিসান্দর কালো নগর হইতে নেপ্চ্যুন নামক বেলুনে গগনারোহণ করেন। চারি হাজার ফিট ঊর্দ্ধে উঠিয়া দেখিলেন যে, তাঁহাদিগের গতি উত্তর সমুদ্রে। অপরাহ্নে এইরূপ তাঁহারা অকস্মাৎ অনিচ্ছার সহিত, অনন্ত সাগরের উপর যাত্রা করিলেন। কিন্তু তখন উপায়ান্তর ছিল না। এই সঙ্কটে তাঁহারা দেখিলেন যে, নিম্নে মেঘসকল দক্ষিণগামী। তখন তাঁহারা নিশ্চিন্ত হইয়া সমুদ্রবিহারে চলিলেন। এইরূপে তাঁহারা ২১ মাইল পর্য্যন্ত সমুদ্রোপরে বাহির হইয়া যান। তাহার পর লঘু বায়ু নির্গত করিয়া দিয়া, নীচে নামেন। বায়ুর সেই নিম্ন স্তরে দক্ষিণ-বায়ু পাইয়া তৎকর্ত্তৃক বাহিত হইয়া পুনর্ব্বার ভূমির উপরে আসেন। কিন্তু দুর্ব্বুদ্ধিবশতঃ অবতরণ করেন না। তার পর সন্ধ্যা হইয়া অন্ধকার হইল। বাষ্পের গাঢ়তাবশতঃ নিম্নে ভূতল দেখা যাইতেছিল না। এমত অবস্থায় তাঁহারা কোথায় যাইতেছিলেন, তাহা জানিতে পারেন নাই। অকস্মাৎ নিম্ন হইতে গম্ভীর সমুদ্র-কল্লোল উত্থিত হইল। তখন অন্ধকারে পুনর্ব্বার অনন্ত সাগরোপরে বিচরণ করিতেছেন জানিতে পারিয়া, তাঁহারা আবার নিম্নে নামিলেন। আবার দক্ষিণ-বায়ুর সাহায্যে ভূমি প্রাপ্ত হইলেন।

উত্তরসমুদ্রে বিচরণকালে তাঁহারা কয়েকটি অদ্ভুত ছায়া দেখিয়াছিলেন। দেখিলেন যে, সমুদ্রে যে সকল বাষ্পীয়াদি জাহাজ চলিতেছিল, ঊর্দ্ধে মেঘমধ্যে তাহার প্রতিবিম্ব। মেঘমধ্যে তেমনি সমুদ্র চিত্রিত হইয়াছে-সেই চিত্রিত সমুদ্রে তেমনি প্রকৃত জাহাজের ন্যায় ছায়ার জাহাজ চলিতেছে। সেই সকল জাহাজের তলদেশ ঊর্দ্ধে, মাস্তুল নিম্নে; বিপরীত ভাবে জাহাজ চলিতেছে। মেঘরাশি বৃহদ্দর্পণস্বরূপ সমুদ্রকে প্রতিবিম্বিত করিয়াছিল।

মসুর ফ্লামারিয়ঁ আর একটি আশ্চর্য্য প্রতিবিম্ব দেখিয়াছিলেন। দিবাভাগে, প্রায় পাঁচ সহস্র ফিট ঊর্দ্ধে আরোহণ করিয়া দেখিলেন, তাঁহাদিগের প্রায় শত ফিট মাত্র দূরে দ্বিতীয় একটি বেলুন চলিয়াছে। আরও দেখিলেন যে, সেই দ্বিতীয় বেলুনটির আকৃতি তাঁহাদিগের বেলুনেরই আকৃতি, যেমন তাঁহাদিগের বেলুনের নিম্নে “রথ” যুক্ত ছিল, এবং তাহাতে যাঁহারা দুই জন আরোহী বসিয়াছিলেন, দ্বিতীয় বেলুনেও সেইরূপ রথ, এবং সেইরূপ দুই জন আরোহী! আরও বিস্মিত হইয়া দেখিলেন যে, সেই দুই জন আরোহীর অবয়ব-তাঁহাদিগেরই অবয়ব! তাঁহারাই সেই দ্বিতীয় বেলুনে বসিয়া আছেন। একটি বেলুনে যেখানে যাহা ছিল-যেখানে যে দড়ি, যেখানে যে সূতা, যেখানে যে যন্ত্র, দ্বিতীয় বেলুনে ঠিক তাহাই আছে, ফ্লামারিয়ঁ দক্ষিণ হস্তোত্তলন করিলেন-ভৌতিক ফ্লামারিয়ঁ বাম হস্তোত্তলন করিল। তাঁহার সঙ্গী একটা পতাকা উড়াইলেন-ভৌতিক সঙ্গী একটা তদ্রূপ পতাকা উড়াইল।

আরও বিস্ময়ের বিষয় এই যে, সে ভৌতিক ব্যোমযানের ভৌতিক রথের চতুঃপার্শ্বে অপূর্ব্ব জ্যোতির্ম্ময় মণ্ডলসকল প্রতিভাত হইতেছিল। মধ্যে হরিৎ শ্বেতাভ মণ্ডল, তন্মধ্যে রথ। তৎপার্শ্বে ক্ষীণ নীল মণ্ডল; তাহার বাহিরে হরিদ্রাবর্ণ মণ্ডল, তৎপরে কপিশ রক্তাভ মণ্ডল, শেষে অতসীকুসুমবৎ বর্ণ; তাহা ক্রমে ক্ষীণতর হইয়া মেঘের সঙ্গে মিশাইয়া গিয়াছে।

এই বৃত্তান্ত বুঝাইবার স্থান এই ক্ষুদ্র প্রবন্ধের মধ্যে হইতে পারে না। ইহা বলিলেই যথেষ্ট হইবে যে, ইহা জলবাষ্পের উপর প্রতিসৌরবিম্ব* মাত্র।

গগনপথে পার্থিব শব্দ সহজে গমন করে, কিন্তু সকল সময়ে নহে, এবং সকল শব্দের গতি তুল্যরূপ নহে। মেঘাচ্ছন্নে শব্দরোধ ঘটে। গ্লেশর সাহেব চারি মাইল ঊর্দ্ধ হইতে রেলওয়ে ট্রেণের শব্দ শুনিতে পাইয়াছিলেন। এবং বিশ হাজার ফিট উপরে থাকিয়া কামানের শব্দ শুনিয়াছিলেন। একটি ক্ষুদ্র কুক্কুরের রব দুই মাইল উপর হইতে শুনিতে পাইয়াছিলেন, কিন্তু চারি হাজার ফিট উপরে থাকিয়া বহুসংখ্যক মনুষ্যের কোলাহল শুনিতে পান নাই। মসূর ফ্লামারিয়ঁ আকাশ হইতে ভূমণ্ডলের বাদ্য শুনিতে পাইতেন। তাঁহার বোধ হইত, যেন মেঘমধ্যে কে সঙ্গীত করিতেছে।

অনেকেই অবগত আছেন যে, যখন পারিস অবরুদ্ধ হয়, তখন ব্যোমযানযোগে পারিস হইতে গ্রাম্য প্রদেশে ডাক যাইত। শিক্ষিত পারাবতসকল সেই সকল ব্যোমযানে চড়িয়া যাইত; তাহাদের পুচ্ছে উত্তর বাঁধিয়া দিলে লইয়া ফিরিয়া আসিত। লঘুতার অনুরোধে সেই সকল পত্র ফটোগ্রাফের সাহায্যে অতি ক্ষুদ্রাকারে লিখিত হইত-অতি বৃহৎ পত্র এক ইঞ্চির মধ্যে সমাবিষ্ট হইত। পড়িবার সময়ে অনুবীক্ষণ ব্যবহার করিতে হইত। স্থানাভাববশতঃ এই কৌতুকাবহ তত্ত্ব আমরা সবিস্তারে লিখিতে পারিলাম না।

উপসংহারকালে বক্তব্য যে, ব্যোমযান এখনও সাধারণের গমনাগমনের উপযোগী বা যথেচ্ছ বিহারের উপায়স্বরূপ হয় নাই। গ্লেশর সাহেব বলেন যে, বেলুনের দ্বারা সে উদ্দেশ্য সিদ্ধ হইবে না; যানান্তর ইহার দ্বারা সূচিত হইতে পারে; যানান্তর সূচিত না হইলে সে আশা পূর্ণ হইবে না। মনুষ্য কখন উড়িতে পারিবে কি না, মসূর ফ্লামারিয়ঁ এই তত্ত্বের সবিস্তারে আলোচনা করিয়া সিদ্ধান্ত করিয়াছিলেন যে, এক দিন মনুষ্যগণ অবশ্য পক্ষীদিগের ন্যায় উড়িতে পারিবে; কিন্তু আত্মবলে নহে। যখন মনুষ্য, পক্ষ বা পক্ষবৎ যন্ত্র প্রস্তুত করিয়া, বাষ্পীয় বা বৈদ্যুতিক বলে তাহা সঞ্চালন করিতে পারিবে, তখন মনুষ্যের বিহঙ্গপদপ্রাপ্তির সম্ভাবনা। দেলোম নামক একজন ফরাসী একটি মৎস্যাকার বেলুন কল্পনা করিয়াছেন; তিনি বিবেচনা করেন, তৎসাহায্যে মনুষ্য যথেচ্ছা আকাশ-পথে যাতায়াত করিতে পারিবে। কিন্তু সে যন্ত্র হইতে এ পর্য্যন্ত কোন ফলোদয় হয় নাই বলিয়া, আমরা তাহার বর্ণনায় প্রবৃত্ত হইলাম না।

* কেহ কেহ বলেন যে, বায়ুমধ্যস্থ জলবাষ্প হইতে প্রতিহত নীল রশ্মিরেখাই আকাশের উজ্জ্বল নীলিমার কারণ।

* Ant' helia.

চঞ্চল জগৎ

The Universe in motion

সচরাচর মনুষ্যের বোধ এই যে, গতি জগতের বিকৃত অবস্থা; স্থিরতা জগতের স্বাভাবিক অবস্থা। কিন্তু বিশেষ অনুধাবন করিলে বুঝা যাইবে যে, গতিই স্বাভাবিক অবস্থা; স্থিরতা কেবল গতির রোধ মাত্র। যাহা গতিবিশিষ্ট, কারণবশতঃ তাহার গতির রোধ হইলে, তাহার অবস্থাকে আমরা স্থিরতা বা স্থিতি বলি। যে শিলাখণ্ড বা অট্টালিকাকে অচল বিবেচনা করিতেছি, বাস্তবিক তাহা মাধ্যাকর্ষণের বলে গতিবিশিষ্ট; নিম্নস্থ ভূমি তাহার গতি রোধ করিতেছে বলিয়া, তাহাকে স্থির বলিতেছি। এ স্থিরতাও কাল্পনিক; পৃথিবীতলস্থ অন্যান্য বস্তুর সঙ্গে তুলনা করিয়া বলিতেছি যে, এই পর্ব্বত বা এই অট্টালিকা অচল, গতিশূন্য–বস্তুতঃ উহার কেহই অচল বা গতিশূন্য নহে, পৃথিবীর উপরে থাকিয়া উহা পৃথিবীর সঙ্গে আবর্ত্তন করিতেছে। সূক্ষ্ম বিবেচনা করিতে গেলে জগতে কিছু গতিশূন্য নহে।

কিন্তু সে কথা ছাড়িয়া দেওয়া যাক্। যাহা পৃথিবীর গতিতে গতিবিশিষ্ট, তাহাকে চঞ্চল বলিবার প্রয়োজন করে না। তথাপিও পৃথিবীতে এমত কোন বস্তু নাই, যে মুহূর্ত্তজন্য স্থির।

চারি পার্শ্বে চাহিয়া দেখ, বায়ু বহিতেছে, বৃক্ষপত্রসকল নাচিতেছে, জল চলিতেছে, জীবসকল নিজ নিজ প্রয়োজন সম্পাদনার্থ বিচরণ করিতেছে। পরন্তু ইহার মধ্যেও কোন কোন বস্তু গতিশূন্য দেখা যাইতেছে। কিন্তু মাধ্যাকর্ষণে বা অন্য প্রকারে রুদ্ধ বাহ্যিক গতি ভিন্ন, ঐ সকল বস্তুর অন্য গতি আছে। সেই সকল গতি আভ্যন্তরিক।

বস্তুমাত্রেরই কিয়ৎপরিমাণে তাপ আছে। যাহাকে শীতল বলি, তাহা বস্তুতঃ তাপশূন্য নহে। তাপের অল্পতাকেই শীতলতা বলি, তাপের অভাব কিছুতেই নাই। যে তুষারখণ্ডের স্পর্শে অঙ্গচ্ছেদের ক্লেশানুভব করিতে হয়, তাহাতেও তাপের অভাব নাই–অল্পতা মাত্র।

যাহাকে তাপ বলি, তাহা পরমাণুগণের আন্দোলন মাত্র। কোন বস্তুর পরমাণুসকল পরস্পরের দ্বারা আকৃষ্ট এবং সন্তাড়িত হইলে, তাহা তরঙ্গবৎ আন্দোলিত হইতে থাকে। সেই ক্রিয়াই তাপ। যেখানে সকল বস্তুই তাপযুক্ত, সেখানে সকল বস্তুর পরমাণুই অহরহ পরস্পর কর্ত্তৃক আকৃষ্ট, সন্তাড়িত এবং সঞ্চালিত। অতএব পৃথিবীস্থ সকল বস্তুই আভন্তরিক আগতিবিশিষ্ট।

আলোক সম্বন্ধেও সেই কথা। ইথর নামক বিশ্বব্যাপী আকাশীয় তরল পদার্থের পরমাণু-সমষ্টির তরঙ্গবৎ আন্দোলনই আলোক। সেই গতিবিশিষ্ট পরমাণুসকলের সঙ্গে নয়নেন্দ্রিয়ের সংস্পর্শে আলোক অনুভূত হয়। সেই প্রকার তাপীয় তরঙ্গ সহিত ত্বগিনিন্দ্রয়ের সংস্পর্শে তাপ অনুভূত করি। এই সকল আন্দোলন-ক্রিয়া মনুষ্যের দৃষ্টির অগোচর–উহা তাপরূপে এবং আলোকরূপেই আমরা ইন্দ্রিয় কর্ত্তৃক গ্রহণ করিতে পারি–অন্য রূপে নহে। তবে এই আন্দোলনক্রিয়ার অস্তিত্ব স্বীকার করিবার কারণ কি? ইউরোপীয় বিজ্ঞানবিদেরা তাহা স্বীকার করিবার বিশেষ কারণ নির্দ্দেশ করিয়াছেন, কিন্তু তাহা এস্থলে বর্ণনীয় নহে।

পৃথিবীতলে আলোক সর্ব্বত্র দেখিতে পাই। অতি অন্ধকার অমাবস্যার রাত্রে পৃথিবীতল একেবারে আলোকশূন্য নহে। অতএব সর্ব্বত্রই সর্ব্বদা আলোকীয় আন্দোলনের গতি বর্ত্তমান।

বিজ্ঞানবিদেরা প্রতিপন্ন করিয়াছেন যে, আলোক, তাপ এবং মাধ্যাকর্ষণ, তিনটিই পরমাণুর গতি মাত্র। অতএব পৃথিবীর সকল বস্তুই আভ্যরন্তিক গতিবিশিষ্ট। যৌগিক আকর্ষণের বলে সেই সকল গতি সত্বেও কোন বস্তুর পরমাণুসকল বিস্রস্ত বা পৃথগ্‌ভূত হয় না।

পৃথিবীতলে এইরূপ। তারপর, পৃথিবীর বাহিরে কি?

পৃথিবী স্বয়ং অত্যন্ত প্রখর বেগবিশিষ্টা এবং অনন্তকাল আকাশমার্গে ধাবমানা। অন্যান্য গ্রহ উপগ্রহ প্রভৃতি যাহা সৌর জগতের অন্তর্গত, তাহাও পৃথিবীর মত অবস্থাপন্ন সন্দেহ নাই। সেই সকল গ্রহ উপগ্রহে যে সকল পদার্থ আছে, তাহাও পার্থিব পদার্থের ন্যায় সর্ব্বদা বাহ্যিক এবং আভ্যন্তরিক গতিবিশিষ্ট। জ্যোতির্ব্বিদ্‌গণের দৌরবীক্ষণিক অনুসন্ধানে সে কথার অনেক প্রমাণ সংগৃহীত হইয়াছে।

সূর্য্য নামে যে বৃহৎ বস্তু এই সৌর জগতের কেন্দ্রীভূত, তাহা যেরূপ চাঞ্চল্যপূর্ণ, তাহা মনুষ্যের অনুভবশক্তির অতীত। যে সূর্য্যমণ্ডলের তাপ, আলোক, আকর্ষণ এবং বৈদ্যুতাদিকী শক্তি পৃথিবীস্থ গতিমাত্রেরই কারণ, সেই সূর্য্যমণ্ডলোপরে বা তদভ্যন্তরে যে নানাবিধ ভয়ঙ্কর এবং অদ্ভুত গতি নিয়ত বর্ত্তিবে, তাহা বলা বাহুল্য, সেই চাঞ্চল্যের একটি উদাহরণ "আশ্চর্য্য সৌরোৎপাত" নামক প্রস্তাবে বর্ণিত হইয়াছিল।

কিন্তু সূর্য্যোপরে এবং সূর্য্যগর্ব্ভে যে নিয়ত গতির আধিপত্য, কেবল ইহাই নহে, সূর্য্যস্বয়ং গতিবিশিষ্ট। বিজ্ঞানবিদেরা স্থির করিয়াছেন যে, সূর্য্য স্বয়ং এই তাবৎ সৌর জগৎ সঙ্গে লইয়া প্রতি সেকেণ্ডে ৪॥ মাইল অর্থাৎ ঘন্টায় ১৭,১০০ মাইল আকাশ-পথে ধাবিত হইতেছে। এই ভয়ঙ্কর বেগে এই পদার্থরাশি কোথায় যাইতেছে? কেহ বলিতে পারে না কোথায় যাইতেছে। আকাশের একটি নাক্ষত্রিক প্রদেশকে ইউরোপীয়রা হরক্যুলিজ বলেন। সূর্য্য তন্মধ্যস্থ লাম্‌ডা নামক নক্ষত্রাভিমুখে ধাবিত হইতেছে, কেবল এই পর্য্যন্ত নিশ্চিত হইয়াছে।

কিন্তু সূর্য্য এবং সৌর জগৎ ত বিশ্বের অতি ক্ষুদ্রাংশ। অন্ধকার রাত্রে অনন্ত আকাশমণ্ডল ব্যাপিয়া যে সকল জ্যোতিষ্ক জ্বলিতে থাকে, তাহারা সকলেই এক একটি সৌর জগতের কেন্দ্রীভূত। সে সকল কি গতিশূন্য? তাহাদিগেরও প্রাত্যহিক উদয়াস্তাদি দেখিতে পাই, সেও পৃথিবীর প্রাত্যহিক আবর্ত্তজনিত চাক্ষুষ ভ্রান্তি মাত্র। নাক্ষত্রিক লোকের কি জগৎ চঞ্চল?

জ্যোতির্ব্বিদ্যার দ্বারা যতদূর অনুসন্ধান হইয়াছে, ততদূর জানিতে পারা গিয়াছে যে, নক্ষত্রলোকেও গতি সর্ব্বময়ী। যত অনুসন্ধান হইয়াছে, ততই বুঝা গিয়াছে যে, সূর্য্যের যে প্রকৃতি, নক্ষত্রমাত্রেরই সেই প্রকৃতি। গ্রহ ভিন্ন অন্য তারাকে নক্ষত্র বলিতেছি।

কতকগুলি নক্ষত্র সৌর গ্রহগণের ন্যায় বর্ত্তনশীল। যেখানে আমরা চক্ষে একটি নক্ষত্র দেখিতে পাই, দূরবীক্ষণ সাহায্যে দেখিলে তথায় কখন কখন দুইটি, তিনটি বা ততোধিক নক্ষত্র দেখা যায়। কখন কখন ঐ দুই তিনটি নক্ষত্র পরস্পরের সহিত সম্বন্ধরহিত, এবং পরস্পর হইতে দূরস্থিত, অথচ দর্শক যেখান হইতে দেখিতেছেন, সেখান হইতে দেখিতে গেলে আকাশের একদেশে স্থিত দেখায়, এবং একটি সরল রেখার মধ্যবর্ত্তী হইয়া যুগ্ম নক্ষত্রের ন্যায় দেখায়। কিন্তু কখন কখন দেখা যায় যে, যে নক্ষত্রদ্বয় দেখিতে যুগ্ম, তাহা বাস্তবিক যুগ্মই বটে,-পরস্পরের নিকটবর্ত্তী এবং পরস্পরের সহিত নৈসর্গিক সম্বন্ধবিশিষ্ট। এই সকল যুগ্মাদি নক্ষত্র সম্বন্ধে আধুনিক জ্যোতির্ব্বিদেরা পর্য্যবেক্ষণা ও গণনার দ্বারা স্থিরীকৃত করিয়াছেন যে, উহারা পরস্পরকে বেড়িয়া বর্ত্তন করিতেছে। অর্থাৎ যদি ক, খ, এই দুইটি নক্ষত্রে একটি

যুগ্ম নক্ষত্র হয়, তবে ক, খ, উভয়ের মাধ্যাকর্ষণিক কেন্দ্রের চতুষ্পার্শ্বে ক, খ, উভয় নক্ষত্র বর্ত্তন করিতেছে। কখন কখন দেখা গিয়াছে যে, এইরূপ দুইটি কেন, বহু নক্ষত্রে এক একটি নাক্ষত্রিক জগৎ। তন্মধ্যস্থ বিভক্ত নক্ষত্রগুলি সকলই ঐ প্রকার আবর্ত্তনকারী। বিচিত্র এই যে, নিউটন পৃথিবীতে বসিয়া, পার্থিব পদার্থের গতি দেখিয়া, পার্থিব উপগ্রহ চন্দ্রের গতিকে উপলক্ষ্য করিয়া, যে সকল মাধ্যাকর্ষণিক গতির নিয়ম আবিষ্কৃত করিয়াছিলেন, দূরবর্ত্তী এবং সৌর জগতের বহিঃস্থ এই সকল নক্ষত্রের গতিও সেই সকল নিয়মাধীন।

নক্ষত্রগণের প্রকৃতি এবং সূর্য্যের প্রকৃতি যে এক, তদ্বিষয়ে আর সংশয় নাই। ডাক্তার হুগিন্‌স প্রভৃতি বিজ্ঞানিকেরা আলোক-পরীক্ষক যন্ত্রের সাহায্যে জানিয়াছেন যে, যে সকল বস্তুতে সূর্য্য নির্ম্মিত, অন্যান্য নক্ষত্রেও সেই সকল বস্তু লক্ষিত হয়। অতএব সূর্য্যোপরি ও সূর্য্যগবের্ভ যে প্রকার ভয়ঙ্কর কোলাহল ও বিপ্লব নিত্য বর্ত্তমান বলিয়া বোধ হয়, তারাগণেও সেইরূপ হইতেছে, সন্দেহ নাই। যে নক্ষত্র দূরবীক্ষণ সাহায্যেও অস্পষ্ট দৃষ্ট আলোকবিন্দু বলিয়া বোধ হয়, তাহাতে ক্ষণমাত্র যে সকল উৎপাত ঘটিতেছে, পৃথিবীতলে দশ বর্ষের নৈসর্গিক ক্রিয়া একত্রিত করিলেও তাহার তুল্য হইবে না। সূর্য্যমণ্ডলে সামান্য মাত্র কোন পরিবর্ত্তনে যে বিপ্লব ও নৈসর্গিক শক্তিব্যয় সূচিত হয়, তাহাতে পলকমাত্রে এই পৃথিবী ধ্বংস প্রাপ্ত হইতে পারে। প্রচণ্ড বাত্যার কল্লোল অথবা কর্ণবিদারক অশনিসম্পাতশব্দ হইতে লক্ষ লক্ষ গুণে ভীমতর কোলাহল অনবরত সেই সৌরমণ্ডলে নির্ঘোষিত হইতেছে সন্দেহ নাই। আর এই যে সহস্র সহস্র, স্থির, শীতল, ক্ষুদ্র ক্ষুদ্র জ্যোতিষ্কগণ দেখিতেছি, তাহাতেও সেইরূপ হইতেছে; কেন না, সকলই সূর্য্যপ্রকৃতিবিশিষ্ট, বরং আমাদিগের সূর্য্য অনেক অনেক নক্ষত্রের অপেক্ষা ক্ষুদ্র এবং হীনতেজা। সিরিয়স্ নামক অত্যুজ্জ্বল নক্ষত্র, আমাদিগের নয়ন হইতে যত দূরে আছে, আমাদিগের সূর্য্য তত দূরে প্রেরিত হইলে, উহা তৃতীয় শ্রেণীর ক্ষুদ্র নক্ষত্রের ন্যায় দেখাইত; আকাশের কত কত নক্ষত্র তদপেক্ষা উজ্জ্বল জ্বালায় জ্বলিত। কিন্তু যদি সূর্য্যকে অল্‌দেবরণ (রোহিণী?), কস্তর, বেটেলগুস্ প্রভৃতি নক্ষত্রের স্থানে প্রেরণ করা যায়, তবে সূর্য্যকে দেখা যাইবে কি না সন্দেহ। প্রক্টর সাহেব বলেন যে আকাশে যে সকল নক্ষত্র দেখিতে পাই, বোধ হয় তাহার মধ্যে পঞ্চাশটিও আমাদের সূর্য্যাপেক্ষা ক্ষুদ্র হইবে না। অতএব সূর্য্যমণ্ডলে যেরূপ চাঞ্চল্যের অস্তিত্ব অনুমান করা যায়, অধিকাংশ নক্ষত্রে ততোধিক চাঞ্চল্য বর্ত্তমান, সন্দেহ নাই।

কেবল তাহাই নহে, সূর্য্য যেমন অতি প্রচণ্ডবেগে, গ্রহগণ সহিত, আকাশ-পথে ধাবমান, অন্যান্য নক্ষত্রগণও তদ্রূপ। বরং অনেক নক্ষত্রের বেগ সূর্য্যাপেক্ষা প্রচণ্ডতর। সিরিয়সের গতি প্রতি সেকেণ্ডে ২০ মাইল, ঘন্টায় ৭২,০০০ মাইল। বেগা নামক উজ্জ্বল নক্ষত্রের বেগ প্রতি সেকেণ্ডে ৫০ মাইল, ঘন্টায় ১৮০,০০০ মাইল, কস্তর প্রতি সেকেণ্ডে ২৫ মাইল, ঘন্টায় ৯০,০০০ মাইল। পোলাক্সের গতি সেকেণ্ডে ৪৯ মাইল, প্রায় বেগার ন্যায়। সপ্তর্ষির মধ্যের পাঁচটির গতি সিরিয়সের ন্যায়, একটির গতি বেগার ন্যায়। এই বেগ অতি ভয়ঙ্কর, বিশেষ যখন মনে করা যায় যে, এই সকল প্রচণ্ডবেগশালী পদার্থের আকার অতি প্রকাণ্ড (সিরিয়স্ সূর্য্যাপেক্ষা সহস্র গুণ বৃহৎ), তখন বিস্ময়ের আর সীমা থাকে না।

নক্ষত্রসকল অদ্ভুত গতিবিশিষ্ট হইলেও, চারি সহস্র বৎসরেও তত্তাবর্ত্তের স্থানভ্রংশ মনুষ্যচক্ষে লক্ষিত হয় নাই। ঐ সকল নক্ষত্রের অসীম দূরতাই ইহার কারণ। উৎকৃষ্ট দূরবীক্ষণ সাহায্যে, আশ্চর্য্য মান-যন্ত্র ও বিদ্যা-কৌশলের বলে আধুনিক জ্যোতির্ব্বিদেরা কিঞ্চিৎ স্থানচ্যুতি পর্য্যবেক্ষণ করিয়াছেন। তাহাতেই ঐ সকল গতি স্থিরীকৃত হইয়াছে।

নাক্ষত্রিক গতিতত্ত্ব অতি আশ্চর্য্য। গগনের একদেশে স্থিত নক্ষত্রও এক দিকেই ধাবমান না হইয়াও নানাদিকে ধাবমান। কখন বা একদিকেই ধাবমান। কোথায় ধাবমান? কেন ধাবমান? সে সকল তত্ত্বের আলোচনা এ স্থলে নিষ্প্রয়োজনীয়, এবং এক প্রকার অসাধ্য।

যাহা বলা গেল, তাহাতে প্রতীয়মান হইতেছে যে, গতিই জাগতিক নিয়ম-স্থিতি নিয়ম রোধের ফলমাত্র। জগৎ সর্ব্বত্র, সর্ব্বদা চঞ্চল। সেই চাঞ্চল্য বিশেষ করিয়া বুঝিতে গেলে, অতি বিস্ময়কর বোধ হয়। জীবনাধারে শোণিতাদির চাঞ্চল্যই জীবন। হৃৎপিণ্ড বা শ্বাসযন্ত্রের চাঞ্চল্য রহিত হইলেই মৃত্যু উপস্থিত হয়। মৃত্যু হইলে পরে, দৈহিক পরমাণুমধ্যে রাসায়নিক চাঞ্চল্য সঞ্চার হইয়া, দেহ ধ্বংস হয়। যেখানে দৃষ্টিপাত করিব, সেইখানে চাঞ্চল্য, সেই চাঞ্চল্য মঙ্গলকর। যে বুদ্ধি চঞ্চলা, সেই বুদ্ধি চিন্তাশালিনী। যে সমাজ গতিবিশিষ্ট, সেই সমাজ উন্নতিশীল। বরং সমাজের উচ্ছৃঙ্খলতা ভাল, তথাপি স্থিরতা ভাল নহে।

কত কাল মনুষ্য?

Antiquity of Man

জলে যেরূপ বুদ্বুদ উঠিয়া তখনই বিলীন হয়, পৃথিবীতে মনুষ্য সেইরূপ জন্মিতেছে ও মরিতেছে। পুত্রের পিতা ছিল, তাহার পিতা ছিল, এইরূপ অনন্ত মনুষ্যশ্রেণীপরম্পরা সৃষ্ট এবং গত হইয়াছে, হইতেছে এবং যতদূর বুঝা যায়, ভবিষ্যতেও হইবে। ইহার আদি কোথা? জগদাদির সঙ্গে কি মনুষ্যের আদি, না পৃথিবীর সৃষ্টির বহু পরে প্রথম মনুষ্যের সৃষ্টি হইয়াছে? পৃথিবীতে মনুষ্য কত কাল আছে?

খ্রীষ্টানদিগের প্রাচীন গ্রন্থানুসারে মনুষ্যের সৃষ্টি এবং জগতের সৃষ্টি কালি পরশ্ব হইয়াছে। যে দিন জগদীশ্বর কুম্ভকাররূপে কাদা ছানিয়া পৃথিবী গড়িয়া, ছয় দিনে তাহাতে মনুষ্যাদি পুত্তল সাজাইয়াছিলেন, খ্রীষ্টানেরা অনুমান করেন যে, ছয় সহস্র বৎসর পূর্ব্বে। এ কথা খ্রীষ্টানেরাও আর বিশ্বাস করেন না। আমাদিগের ধর্ম্ম-পুস্তকের কথার প্রতি আমরাও সেইরূপ হতশ্রদ্ধ হইয়াছি। বিজ্ঞানের প্রবাহে সর্ব্বত্রই ধর্ম্ম-পুস্তকসকল ভাসিয়া যাইতেছে। কিন্তু আমাদিগের ধর্ম্ম-গ্রন্থে এমন কোন কথা নাই যে, তাহাতে বুঝায় যে, আজি কালি বা ছয় শত বৎসর বা ছয় সহস্র বৎসর বা ছয় বৎসর পূর্ব্বে এই ব্রহ্মাণ্ডের সৃজন হইয়াছে। হিন্দু শাস্ত্রানুসারে কোটি কোটি বৎসর পূর্ব্বে, অথবা অনন্ত কাল পূর্ব্বে জগতের সৃষ্টি। আধুনিক ইউরোপীয় বিজ্ঞানেরও সেই মত।

তবে জগতের আদি আছে কি না, কেহ কেহ এই তর্ক তুলিয়া থাকেন। সৃষ্টি অনাদি, এ জগৎ নিত্য; ও সকল কথায় বুঝায় যে, সৃষ্টির আরম্ভ নাই। কিন্তু সৃষ্টি একটি ক্রিয়া-ক্রিয়া মাত্র, কোন বিশেষ সময়ে কৃত হইয়াছে; অতএব সৃষ্টি কোন কালবিশেষে হইয়া থাকিবে। অতএব সৃষ্টি অনাদি বলিলে, অর্থ হয় না। যাঁহারা বলেন, সৃষ্টি হইতেছে, যাইতেছে, আবার হইতেছে, এইরূপ অনাদি কাল হইতে হইতেছে, তাঁহারা প্রমাণশূন্য বিষয়ে বিশ্বাস করেন। এ কথার নৈসর্গিক প্রমাণ নাই।

"অসৃজ্জচ্চ জগৎ সর্ব্বং সহ পুত্রৈ কৃতাত্মভিঃ" ইত্যাদি বাক্যের দ্বারা সূচিত হয় যে, জগৎ-সৃষ্টি এবং মনুষ্য বা মনুষ্য-জনকদিগের সৃষ্টি এক কালেই হইয়াছিল। এরূপ বাক্য হিন্দু-গ্রন্থে অতি সচরাচর দেখা যায়। যদি এ কথা যথার্থ হয়, তাহা হইলে, যতকাল চন্দ্র সূর্য্য, ততকাল মনুষ্য। বৈজ্ঞানিকেরা এ তত্ত্বে কি প্রমাণ সংগ্রহ করিয়াছেন, তাহাই সমালোচিত করা এ প্রবন্ধের উদ্দেশ্য।

বিজ্ঞানের অদ্যাপি এমত শক্তি হয় নাই যে, জগৎ অনাদি, কি সাদি, তাহার মীমাংসা করেন। কোন কালে সে মীমাংসা হইবে কি না, তাহাও সন্দেহের স্থল। তবে এক কালে, জগতের যে এ রূপ ছিল না, বিজ্ঞান ইহা বলিতে সক্ষম। ইহা বলিতে পারে যে, এই পৃথিবী এইরূপ তৃণ-শস্য-বৃক্ষময়ী, সাগর পর্ব্বতাদিপরিপূর্ণ, জীবসঙ্কুলা, জীববাসোপযোগিনী ছিল না; গগন এককালে এরূপ সূর্য্যচন্দ্রনক্ষত্রাদিবিশিষ্ট ছিল না। একদিন-তখন দিন হয় নাই-এককালে জল ছিল না, ভূমি ছিল না,-বায়ু ছিল না। কিন্তু যাহাতে এই চন্দ্র সূর্য্য তারা হইয়াছে, যাহাতে জল বায়ু ভূমি হইয়াছে-যাহাতে নদ নদী সিন্ধু-বন বিটপী বৃক্ষ-তৃণ লতা পুষ্প-পশু পক্ষী মানব হইয়াছে, তাহা ছিল। জগতের রূপান্তর ঘটিয়াছে, ইহা বিজ্ঞান বলিতে পারে। কবে ঘটিল, কি প্রকারে ঘটিল, তাহা বিজ্ঞান বলিতে পারে না। তবে ইহাই বলিতে পারে

যে, সকলই নিয়মের বলে ঘটিয়াছে-ক্ষণিক ইচ্ছাধীন নহে। যে সকল নিয়মে অদ্যাপি জড় প্রকৃতি শাসিতা হইতেছে, সেই সকল নিয়মের ফলেই এই ঘোর রূপান্তর ঘটিয়াছে। সেই সকল নিয়মে? তবে আর সেরূপ রূপান্তর দেখি না কেন? দেখিতেছি। তিল তিল করিয়া, মুহূর্ত্তে মুহূর্ত্তে জগতের রূপান্তর ঘটিতেছে। কোটি কোটি বৎসর পরে, পৃথিবী কি ঠিক এইরূপ থাকিবে? তাহা নহে।

কিরূপে এই ঘোর রূপান্তর ঘটিল, এ প্রশ্নের একটি উত্তর অতি বিখ্যাত। আমরা লাপ্লাসের মতের কথা বলিতেছি। লাপ্লাসের মত ক্ষুদ্র বিদ্যালয়ের ছাত্রেরাও জানেন-সংক্ষেপে বর্ণিত করিলেই হইবে। লাপ্লাস সৌর জগতের উৎপত্তি বুঝাইয়াছেন। তিনি বলেন, মনে কর, আদৌ সূর্য্য, গ্রহ, উপগ্রহাদি নাই, কিন্তু সৌর জগতের প্রান্ত অতিক্রম করিয়া সর্ব্বত্র সমভাবে, সৌর জগতের পরমাণুসকল ব্যাপিয়া রহিয়াছে। জড় পরমাণুমাত্রেরই, পরস্পরাকর্ষণ, তাপক্ষয়, সঙ্কোচন প্রভৃতি যে সকল গুণ আছে, ঐ জগদ্ব্যাপী পরমাণুরও থাকিবে। তাহার ফলে, ঐ পরমাণুরাশি, পরমাণুরাশির কেন্দ্রকে বেষ্টন করিয়া ঘূর্ণিত হইতে থাকিবে। এবং তাপক্ষতির ফলে ক্রমে সঙ্কুচিত হইতে থাকিবে। সঙ্কোচনকালে, পরমাণু-জগতের বহিঃপ্রদেশসকল মধ্যভাগ হইতে বিযুক্ত হইতে থাকিবে। বিযুক্ত ভগ্নাংশ পূর্ব্বসঞ্চিত বেগের গুণে মধ্য প্রদেশকে বেড়িয়া ঘুরিতে থাকিবে। যে সকল কারণে বৃষ্টিবিন্দু গোলত্ব প্রাপ্ত হয়, সেই সকল কারণে ঘুরিতে ঘুরিতে সেই ঘূর্ণিত বিযুক্ত ভগ্নাংশ, গোলাকার প্রাপ্ত হইবে। এইরূপে এক একটি গ্রহের উৎপত্তি। এবং তাহা হইতে উপগ্রহগণেরও ঐরূপে উৎপত্তি। এবং তাহা হইতে উপগ্রহগণেরও ঐরূপে উৎপত্তি। অবশিষ্ট মধ্যভাগ, সঙ্কোচ প্রাপ্ত হইয়া বর্ত্তমান সূর্য্যে পরিণত হইয়াছে।

যদি স্বীকার করা যায় যে, আদৌ পরমাণু মাত্র আকারশূন্য জগৎ ব্যাপিয়া ছিল-জগতে আর কিছুই ছিল না-তাহা হইলে ইহা সিদ্ধ হয় যে, প্রচলিত নৈসর্গিক নিয়মের বলে জগৎ, সূর্য্য,* চন্দ্র, গ্রহ, উপগ্রহ, ধূমকেতু বিশিষ্ট হইবে-ঠিক এখন যেরূপ, সেইরূপ হইবে। প্রচলিত নিয়ম ভিন্ন অন্য প্রকারে ঐশিক আজ্ঞার সাপেক্ষ নহে। এই গুরুতর তত্ত্ব, এই ক্ষুদ্র প্রবন্ধে বুঝাইবার সম্ভাবনা নহে-এবং ইহা সাধারণ পাঠকের বোধগম্য হইতেও পারে না। আমাদের সে উদ্দেশ্যও নহে। যাঁহারা বিজ্ঞানালোচনায় সক্ষম, তাঁহারা এই নৈহারিক উপপাদ্য সম্বন্ধে হর্বট স্পেন্সরের বিচিত্র প্রবন্ধ পাঠ করিবেন। দেখিবেন যে, স্পেন্সর কেবল আকারশূন্য পরমাণুসমষ্টির অস্তিত্ব মাত্র প্রতিজ্ঞা করিয়া, তাহা হইতে জাগতিক ব্যাপারের সমুদায়ই সিদ্ধ করিয়াছেন। স্পেন্সরের কথাগুলি প্রামাণিক না হইলে হইতে পারে, কিন্তু বুদ্ধির কৌশল, আশ্চর্য্য।

এইরূপে যে, বিশ্ব সৃষ্টি হইয়াছে, এমত কোন নৈসর্গিক প্রমাণ নাই। অন্য কোন প্রকারে যে, সৃষ্টি হয় নাই, তাহারও কোন নৈসর্গিক প্রমাণ নাই। তবে লাপ্লাসের মতে প্রমাণবিরুদ্ধও কিছু নাই।# অসম্ভব কিছু নাই। এ মত সম্ভব, সঙ্গত-অতএব ইহা প্রমাণের অতীত হইলেও গ্রাহ্য।

এই মত প্রকৃত হইলে, স্বীকার করিতে হয় যে, আদৌ পৃথিবী ছিল না। সূর্য্যাঙ্গ হইতে পৃথিবী বিক্ষিপ্ত হইয়াছে। পৃথিবী যখন বিক্ষিপ্ত হয়, তখন ইহা বাষ্পরাশি মাত্র-নহিলে বিক্ষিপ্ত হইবে না। অতএব পৃথিবীর প্রথমাবস্থা, উত্তপ্ত বাষ্পীয় গোলক।

একটি উত্তপ্ত বাষ্পীয় গোলক-আকাশ-পথে বহু কাল বিচরণ করিলে কি হইবে? প্রথমে তাহার তাপহানি হইবে। সেখানে তাপের আধার মাত্র নাই-সেখানে তাপ-লেশ নাই; তাহা অচিন্তনীয় শৈত্যবিশিষ্ট। আকাশে তাপাধার কিছু নাই – অতএব আকাশমার্গ অচিন্তনীয়

শৈত্যবিশিষ্ট। এই শৈত্যবিশিষ্ট আকাশে বিচরণ করিতে করিতে তপ্ত বাষ্পীয় গোলকের অবশ্য তাপক্ষয় হইবে। তাপক্ষয় হইলে কি হইবে?

বিজ্ঞানরহস্য
জলের উত্তপ্ত বাষ্প সকলেই দেখিয়াছেন। সকলেই দেখিয়াছেন যে, ঐ বাষ্প শীতল হইলে জল হয়। আরও শীতল হইলে, জল বরফ হয়। সকল পদার্থের এই নিয়ম। যাহা উত্তপ্ত অবস্থায় বাষ্পকৃত, তাপক্ষয়ে তাহা গাঢ়তা এবং কঠিনত্ব প্রাপ্ত হয়। অতএব বাষ্পীয় গোলকাকৃতি পৃথিবীর তাপক্ষয় হইলে, কালে তাহা এক্ষণকার গাঢ়তা এবং কঠিনাবস্থা প্রাপ্ত হইবে।

পৃথিবী কঠিনত্ব প্রাপ্ত হইয়াও কিছুকাল অগ্নিতপ্ত ছিল, বিবেচনা হয়। অপেক্ষাকৃত শীতলতা ঘটিলেই কঠিনতা জন্মিবে, কিন্তু কঠিনতা জন্মিলেই তাহার সঙ্গে জীবাবাসযোগ্য শীতলতা ছিল বিবেচনা করা যায় না। সেও কালে ঘটিয়াছিল। তাপক্ষতি হেতু যে শীতলতা, তাহা উপরিভাগেরই প্রথমে ঘটে, উপরিভাগ শীতল হইলেও, ভিতর তপ্ত থাকে। পৃথিবীর অভ্যন্তরে অদ্যাপি বিষম তাপ আছে। ভূতত্ত্ববিদেরা ইহা পুনঃ পুনঃ প্রমাণীকৃত করিয়াছেন।

সেই উত্তপ্ত আদিমাবস্থায়, পৃথিবীতলে কোন জীব বা উদ্ভিদের বাসের সম্ভাবনা ছিল না। উত্তপ্ত বাষ্পীয় গোলক জীবাবাসোপযোগী শীতলতা এবং কঠিনতা প্রাপ্ত হইতে লক্ষ লক্ষ যুগ অতিবাহিত হইয়াছিল, সন্দেহ নাই-কেন না, আমাদের দুধের বাটি জুড়াইতে যে কালবিলম্ব হয়, তাহাতেই আমাদের ধৈর্য্যচ্যুতি জন্মে। অতএব পৃথিবীর উৎপত্তির লক্ষ লক্ষ যুগ পরেও জীব বা উদ্ভিদের সৃষ্টি হয় নাই।

যাঁহারা ভূতত্ত্বের কিছুমাত্র জানেন, তাঁহারা অবগত আছেন যে, পৃথিবীর উপরে নানাবিধ মৃত্তিকা এবং প্রস্তর স্তরে স্তরে সন্নিবেশিত আছে। এইরূপ স্তরসন্নিবেশ কিয়দ্দূর মাত্র পাওয়া যায়, তাহার পরে যে সকল প্রস্তর পাওয়া যায়, তাহা স্তরত্বশূন্য।

নীচে স্তরত্বশূন্য প্রস্তর, তদুপরি স্তরে স্তরে নানাবিধ প্রস্তর, গৈরিক বা মৃত্তিকা। এই সকল স্তরনিবদ্ধ প্রস্তর, গৈরিক বা মৃত্তিকাভ্যন্তরে এমত অনেক প্রমাণ পাওয়া যায় যে, তাহা এক কালে সমুদ্রতলে ছিল। এমন কি, অনেকগুলি স্তর কেবল ক্ষুদ্র ক্ষুদ্র সমুদ্রচর জীবের শরীরের সমষ্টি মাত্র। চাখড়ি নামে যে গৈরিক বা প্রস্তর প্রচলিত, তাহা ইউরোপখণ্ডের অধিকাংশের এবং আশিয়ার কিয়দংশের নিম্নে স্তরনিবদ্ধ আছে। এক্ষণে বর্ত্তমান অনেকগুলি পর্ব্বত কেবল চাখড়ি। এই চাখড়ি কেবল এক প্রকার ক্ষুদ্র ক্ষুদ্র সমুদ্রতলচর জীবের (Globigerinae) মৃত দেহের সমষ্টি মাত্র।

অতএব এই সকল গৈরিকস্তর এক কালে সমুদ্রতলস্থ ছিল। ভূভাগের কোন স্থান কখন সমুদ্রতলস্থ হইতেছে; আবার কাল সহকারে সমুদ্র সে স্থান হইতে সরিয়া যাইতেছে, সমুদ্রতল শুষ্ক ভূমিখণ্ড হইতেছে। ভূগর্ব্ভস্থ রুদ্ধবায়ু বা অন্য কারণে কোথাও ভূমি কাল সহকারে উন্নত, কাল সহকারে অবনত হইতেছে। যেখানে ভূমি উন্নত হইল, সেখান হইতে সমুদ্র সরিয়া গেল, যেখানে অবনত হইল, তাহার উপরে সাগরজলরাশি আসিয়া পড়িল। তাহার উপরে সমুদ্রবাহিত মৃত্তিকা, জীবদেহাদি পতিত হইয়া একটি নূতন স্তর সৃষ্টি হইল। মনে কর, আবার কালে সমুদ্র সরিয়া গেল-সমুদ্রের তল শুষ্ক ভূমি হইল-তাহার উপর বৃক্ষাদি জন্মিয়া-জীবসকল জন্মগ্রহণ করিয়া বিচরণ করিল। আবার যদি কখন উহা সমুদ্রগর্ব্ভস্থ হয়, তবে তদুপরি নূতন স্তর সংস্থাপিত হইবে, এবং তথায় যে সকল জীব বিচরণ করিত, তাহাদিগের দেহাবশেষ সেই স্তরে প্রোথিত হইবে। জীবের অস্থি ধ্বংসপ্রাপ্ত হয় না-কিন্তু অতি দীর্ঘকাল প্রোথিত থাকিলে একরূপ প্রস্তরত্ব প্রাপ্ত হয়। এইরূপ অস্থ্যাদিকে "ফসিল" বলা যায়। পাতুরিয়া কয়লা, ফসিল কাষ্ঠ।

যে কয়টি কথা উপরে বলিলাম, তাহাতে বুঝা যাইতেছে যে-

১। সর্ব্বনিম্নে স্তরত্বশূন্য প্রস্তর। তদুপরি অন্যান্য গৈরিকাদি স্তরে স্তরে সন্নিবিষ্ট।

২। স্তরপরম্পরা সাময়িক সম্বন্ধবিশিষ্ট। যে স্তরটি নিম্নে, সেটি আগে, যেটি তাহার উপরে, সেটি তাহার পরে হইয়াছে।

৩। যে স্তরে যে জীবের ফসিল অস্থি পাওয়া যায়, সেই স্তর যখন শুষ্ক ভূমি বা জলতল ছিল, তখন সেই জীব বর্ত্তমান ছিল। যদি কোন স্তরে কোন জীববিশেষের ফসিল একবারে পাওয়া না যায়, তবে সেই স্তর সৃজনকালে সেই জীব ছিল না।

৪। যদি কোন স্তরে ক নামক জীবের ফসিল পাওয়া যায়, খ নামক জীবের ফসিল পাওয়া যায় না; তাহার উপরিস্থ কোন স্তরে যদি ঐ খ নামক জীবের ফসিল পাওয়া যায়, তবে সিদ্ধ হইতেছে, খ নামক জন্তু ক নামক জন্তুর পরে সৃষ্ট।

সর্ব্বনিম্নস্থ স্তরত্বশূন্য প্রস্তরে কোন ফসিল ছিল না। অতএব সিদ্ধ হইতেছে যে, পৃথিবীর প্রথম ভূমিতে কোন জীব বিচরণ করে নাই। তখন পৃথিবী জীবশূন্য ছিল।

যখন প্রথম স্তরমধ্যে জীবদেহের ফসিল দেখা যায়, তখন মনুষ্যের অবস্থানের কোন চিহ্ন পাওয়া যায় না। মনুষ্য দূরে থাকুক, বৃহৎ বা ক্ষুদ্র চতুষ্পদ জন্তু ফসিল পাওয়া যায় না। মৎস্য বা সরীসৃপের কোন চিহ্ন পাওয়া যায় না। যে সকল ক্ষুদ্র কীটাদিবৎ জীবের দেহাবশেষ পাওয়া যায়, তন্মধ্যে শম্বুকই সর্ব্বোৎকৃষ্ট। অতএব আদিম জীবলোকে শম্বুকেরা প্রভু ছিল।

তৎপরে মৎস্য দেখা দিল। ক্রমে উপরে উঠিতে সরীসৃপ জাতীয়ের সাক্ষাৎ পাওয়া যায়। পূর্ব্বকালীয় সরীসৃপ অতি ভয়ঙ্কর, তাদৃশ বিচিত্র, বৃহৎ এবং ভয়ঙ্কর সরীসৃপ এক্ষণে পৃথিবীতে নাই। সরীসৃপের রাজ্যের পরে, স্তন্যপায়ী জীবের দেখা পাওয়া যায়। ক্রমে নানাবিধ হস্তী, ঋক্ষ, গণ্ডার, সিংহ, হরিণ জাতীয় প্রভৃতি দেখা যায়, তথাপি মনুষ্য দেখা যায় না। মনুষ্যের চিহ্ন কেবল সর্ব্বোর্দ্ধ স্তরে, অর্থাৎ আধুনিক মৃত্তিকায়। তন্নিম্নস্থ অর্থাৎ দ্বিতীয় স্তরেও কদাচিৎ মনুযষ্যের চিহ্ন পাওয়া যায়। অতএব মনুষ্যের সৃষ্টি সর্ব্বশেষে; মনুষ্য সর্ব্বাপেক্ষা আধুনিক জীব। *

"আধুনিক" শব্দে এ স্থলে কি বুঝায়, তাহা বিবেচনা করিয়া দেখা উচিত। যে সকল স্তরের কথা বলিলাম, সেগুলির সমবায়, পৃথিবীর ত্বকের স্বরূপ। একটি স্তরের উৎপত্তি ও সমাপ্তিতে কত লক্ষ বৎসর, কত কোটি বৎসর লাগিয়াছে, তাহা কে বলিবে? তাহা গণনা করিবার উপায় নাই। তবে কেবল ইহাই বলা যাইতে পারে যে, সে কাল অপরিমিত-বুদ্ধির ধারণার অতীত। সর্ব্বোর্দ্ধ স্তরেই মনুষ্য-চিহ্ন, এই কথা বলিলে, এমত বুঝায় না যে, বহু সহস্র বৎসর মনুষ্য পৃথিবীবাসী নহে। তবে পৃথিবীর বয়ঃক্রমের সঙ্গে তুলনা করিলে বোধ হয়, মনুষ্যের উৎপত্তি এই মুহূর্ত্তে হইয়াছে। এই জন্য মনুষ্যকে আধুনিক জীব বলা যাইতেছে।

* গতিশূন্য নক্ষত্র মাত্রেই সূর্য্য। জগতে কোটি কোটি সূর্য্য।

কোমৎ, মিল, স্পেন্সর প্রভৃতি এই মত অনুমোদন করেন। সর্ জন হর্শেল বলেন, এ মত প্রমাণবিরুদ্ধ।

* এ কথায় এমত বুঝায় না যে, মনুষ্যের পর কোন জীবের উৎপত্তি হয় নাই। বোধ হয় বিড়াল মনুষ্যের কনিষ্ঠ।

মিসরদেশের রাজাবলীর যে সকল তালিকা প্রচলিত আছে, তাহাতে যদি বিশ্বাস করা যায়, তবে মিসরদেশে দশ সহস্র বৎসরাবধি রাজশাসন প্রচলিত আছে। হোমর, খ্রীষ্টের নয় শত বৎসর পূর্ব্বে পৃথিবীবিদিত মহাকাব্যদ্বয় রচনা করেন; ইহা সর্ব্ববাদিসম্মত। হোমরের গ্রন্থে মিসরের রাজধানী শতদ্বারবিশিষ্টা থিব্‌স্ নগরীর মহিমা কীর্ত্তিত হইয়াছে। মনুষ্যজাতি সভ্যাবস্থায় একবার উন্নতির পথে পদার্পণ করিলে, উন্নতি শীঘ্র শীঘ্র লাভ করিয়া থাকে বটে, কিন্তু অসভ্যদিগের স্বতঃসম্পন্ন যে উন্নতি, তাহা অচিন্তনীয় কাল বিলম্বে ঘটিয়া থাকে। ভারতীয় বন্য জাতিগণ চারি সহস্র বৎসর সভ্য জাতির প্রতিবেশী হইয়াও বিশেষ কিছু উন্নতি লাভ করিতে পারে নাই। অতএব সহজে বুঝিতে পারা যায় যে, মিসরদেশে সভ্যতা স্বতঃ জন্মিয়া, যে কালে শতদ্বারবিশিষ্টা নগরী সংস্থাপনে সক্ষম হইয়াছিল, তাহার পরিমাণ বহু সহস্র বৎসর। মিসরতত্ত্বজ্ঞেরা বলিয়া থাকেন যে, মেম্ফিজ প্রভৃতি নগরী থিব্‌স্ হইতে প্রাচীনা। এই সকল নগরীতে যে দেবালয়াদি অদ্যাপি বর্ত্তমান আছে, তাহাতে যুদ্ধজয়াদির উৎসবের প্রতিকৃতি আছে। সর্ জর্জ কর্ণওয়াল লুইস বলেন, ঐতিহাসিক সময়ে মিসরদেশীয়দিগকে কখন যুদ্ধপরায়ণ দেখা যায় না। অথচ কোন কালে তাহারা যুদ্ধপরায়ণ না থাকিলে, তন্নির্ম্মিত মন্দিরাদিতে যুদ্ধ জয়োৎসবের প্রতিকৃতি থাকিবার সম্ভাবনা ছিল না। অতএব বিবেচনা করিতে হইবে যে, ঐতিহাসিক কালের পূর্ব্বেই মিসরদেশীয়েরা এত দূর উন্নতি লাভ করিয়াছিল যে, প্রকাণ্ড মন্দিরাদি নির্ম্মাণ করিয়া জাতীয় কীর্ত্তিসকল তাহাতে চিত্রিত করিত। অসভ্য জাতি কেবল আপন প্রতিভাকে সহায় করিয়া যে এত দূরে উন্নতি লাভ করে, ইহা অনেক সহস্র বৎসরের কাজ। তাহার পর ঐতিহাসিক কাল অনেক সহস্র বৎসর। অতএব বহু সহস্র বৎসর হইতে মিসরদেশে মনুষ্যজাতি সমাজবদ্ধ হইয়া বাস করিতেছে। সে দশ সহস্র বৎসর, কি ততোধিক, কি তাহার কিছু ন্যূন, তাহা বলা যায় না।

মিসরদেশ নীলনদী-নির্ম্মিত। বৎসর বৎসর নীলনদীর জলে আনীত কর্দ্দমরাশিতে এই দেশ গঠিত হইয়াছে। থিব্‌স্ মেম্ফিজ প্রভৃতি নগরী নীলনদের পলির উপর স্থাপিত হইয়াছিল। এই নদী-কর্দ্দম-নির্ম্মিত প্রদেশ ১৮৫১ ও ১৮৫৪ সালে রাজব্যয়ে সুযোগ্য তত্ত্বাবধায়কের তত্ত্বাবধারণায় নিখাত হইয়াছিল। নানা স্থানে খনন করা যায়। যেখানে খনন করা হইয়া গিয়াছিল, সেইখান হইতেই ভগ্ন মৃৎপাত্র, ইষ্টকাদি উঠিয়াছিল। এমন কি, ষাট ফিট নীচে হইতে ইষ্টক উঠিয়াছিল। সকল স্থানে এইরূপ ইষ্টকাদি পাওয়া গিয়াছিল, অতএব ঐ সকল ইষ্টক পূর্ব্বতন কূপাদিনিহত বলিয়া বিবেচনা করা যায় না। এই সকল খনন-কার্য্য হেকেকিয়ান বে নামক একজন সুশিক্ষিত আরমাণিজাতীয় কর্ম্মচারীর তত্ত্বাবধারণায় হইয়াছিল। লিনান্টবে নামক অপর একজন কর্ম্মচারী ৭২ ফিট নিম্নে ইষ্টক প্রাপ্ত হইয়াছিলেন।

মসূর গিরার্ড অনুমান করেন যে, নীলের কর্দ্দম, শত বৎসরে পাঁচ ইঞ্চি মাত্র নিক্ষিপ্ত হয়। যদি শত বৎসরে পাঁচ ইঞ্চিও ধরিয়া লওয়া যায়, তাহা হইলে হেকেকিয়ান ৬০ ফিট নীচে যে ইট পাইয়াছিলেন, তাহার বয়ঃক্রম অন্যূন দ্বাদশ সহস্র বৎসর। মসূর রজীর হিসাব করিয়া বলিয়াছেন যে নীলের কাদা শত বৎসরে ২। ইঞ্চি মাত্র জমে। যদি এ কথা সত্য হয়, তবে লিনান্টবের ইষ্টকের বয়স ত্রিশ হাজার বৎসর।

অতএব যদি কেহ বলেন যে, ত্রিশ হাজার বৎসরেরও অধিক কাল মিসরে মনুষ্যের বাস, তবে তাঁহার কথা নিতান্ত প্রাণশূন্য বলা যায় না।

মিসরে যেখানে, যত দূর খনন করা গিয়াছে, সেইখানেই পৃথিবীস্থ বর্ত্তমান জন্তুর অস্থ্যাদি ভিন্ন লুপ্ত জাতির অস্থ্যাদি কোথাও পাওয়া যায় নাই। অতএব যে সকল স্তরমধ্যে লুপ্ত জাতির অস্থ্যাদি পাওয়া যায়, তদপেক্ষা এই নীল-কর্দ্দমস্তর অত্যন্ত আধুনিক।আর যদি

এই সকল লুপ্ত জন্তুর দেহাবশেষবিশিষ্ট স্তরমধ্যে মনুষ্যের তৎসহ সমসাময়িকতার চিহ্ন পাওয়া যায়, তবে কত সহস্র বৎসর পৃথিবীতল মনুষ্যের আবাসভূমি, কে তাহার পরিমাণ করিবে?

এরূপ সমসাময়িকতার চিহ্ন ফ্রান্স ও বেল্‌জ্যমে পাওয়া গিয়াছে।

জৈবনিক

Protoplasm

ক্ষিতি, অপ্, তেজঃ, মরুৎ এবং আকাশ, বহুকাল হইতে ভারতবর্ষে ভৌতিক সিংহাসন অধিকার করিয়াছিলেন। তাঁহারাই পঞ্চভূত-আর কেহ ভূত নহে। এক্ষণে ইউরোপ হইতে নূতন বিজ্ঞানশাস্ত্র আসিয়া তাঁহাদিগকে সিংহাসন-চ্যুত করিয়াছেন। ভূত বলিয়া আর কেহ তাঁহাদিগকে বড় মানে না। নূতন বিজ্ঞান-শাস্ত্র বলেন, আমি বিলাত হইতে নূতন ভূত আনিয়াছি, তোমরা আবার কে? যদি ক্ষিত্যাদি জড়সড় হইয়া বলেন যে, আমরা প্রাচীন ভূত, কণাদকপিলাদির দ্বারা ভৌতিক রাজ্যে অভিষিক্ত হইয়া জীব-শরীরে বাস করিতেছি, বিলাতী বিজ্ঞান বলেন, তোমরা আদৌ ভূত নও। আমার "Elementary Substances" দেখ-তাহারাই ভূত; তাহার মধ্যে তোমরা কই! তুমি, আকাশ, তুমি কেহই নও-সম্বন্ধবাচক শব্দ মাত্র। তুমি তেজঃ, তুমি কেবল একটি ক্রিয়া,-গতিবিশেষ মাত্র। আর, ক্ষিতি, অপ, মরুৎ, তোমরা এক একজন দুই তিন বা ততোধিক ভূতে নির্ম্মিত। তোমরা আবার কিসের ভূত?

যদি ভারতবর্ষ এমন সহজে ভূতছাড়া হইত, তবে ক্ষতি ছিল না। কিন্তু এখনও অনেকে পঞ্চ ভূতের প্রতি ভক্তিবিশিষ্ট। বাস্তবিক ভূত ছাড়াইলে একটু বিপদ্‌গ্রস্ত হইতে হয়। ভূতবাদীরা বলিবেন যে, যদি ক্ষিত্যাদি ভূত নহে, তবে আমাদিগের এ শরীর কোথা হইতে? কিসে নির্ম্মিত হইল? নূতন বিজ্ঞান বলেন যে, "তোমাদের পুরাণ কথায় একেবারে অশ্রদ্ধা প্রকাশ করিয়া এ প্রশ্নের উত্তর দিতে চাহি না। জীব-শরীরের একটি প্রধান ভাগ যে জল, ইহা অবশ্য স্বীকার করিব। আর মরুতের সঙ্গে শরীরের একটি বিশেষ সম্বন্ধ আছে,-এমন কি, শরীরের বায়ুকোষে বায়ু না গেলে প্রাণের ধ্বংস হয়, ইহাও স্বীকার করি। তেজঃ সম্বন্ধে ইহা স্বীকার করিতে তোমাদের বৈশেষিকেরা যে জঠরাগ্নি কল্পনা করিয়াছেন, তাহার অস্তিত্ব আমার লিবিগ অতি সুকৌশলে প্রতিপন্ন করিয়াছেন। আর যদি সন্তাপকেই তেজঃ বল, তবে মানি যে, ইহা জীবদেহে অহরহঃ বিরাজ করে, ইহার লাঘব হইলে প্রাণের ধ্বংস হয়। সোডা পোতাস প্রভৃতি পৃথিবী বটে, তাহা অত্যল্প পরিমাণে শরীরমধ্যে আছে। আর আকাশ ছাড়া কিছুই নাই; কেন না, আকাশ সম্বন্ধজ্ঞাপক মাত্র। অতএব শরীরে পঞ্চ ভূতের অস্তিত্ব এ প্রকারে স্বীকার করিলাম। কিন্তু আমার প্রধান আপত্তি তিনটি। প্রথম, শরীরের সারাংশ এ সকলে নির্ম্মিত নহে; এ সকল ভিন্ন অন্য অনেক প্রকার উপকরণ আছে। দ্বিতীয়, ইহাদের ভূত বল কেন? তৃতীয়, ইহার সঙ্গে প্রাণাপানাদি বায়ু প্রভৃতি যে কতকগুলি কথা বল, বোধ হয়, হিন্দু রাজাদিগের আমলে আবকারির আইন প্রচলিত থাকিলে, সে কথাগুলির প্রচার হইত না ।"

"দেখ, এই তোমার সম্মুখে ইষ্টক-নির্ম্মিত মনুষ্যের বাসগৃহ। ইহা ইষ্টক-নির্ম্মিত, সুতরাং ইহাতে পৃথিবী আছে। গৃহস্থ ইহাতে পানাদির জন্য কলসী কলসী জল সংগ্রহ করিয়া রাখিয়াছে। পাকার্থ এবং আলোকের জন্য অগ্নি জ্বালিয়াছে, সুতরাং তেজঃও বর্ত্তমান। আকাশ, গৃহমধ্যে সর্ব্বত্রই বর্ত্তমান। সর্ব্বত্র বায়ু যাতায়াত করিতেছে। সুতরাং এ গৃহও পঞ্চভূত-নির্ম্মিত? তুমি যেমন বল, মনুষ্যের এ স্থানে প্রাণ বায়ু, ও স্থানে অপান বায়ু ইত্যাদি, আমিও তেমনি বলিতেছি, এই দ্বার-পথে যে বায়ু বহিতেছে, তাহা প্রাণ বায়ু ও বাতায়ন-পথে যাহা বহিতেছে, তাহা অপান বায়ু ইত্যাদি। তোমারও নির্দ্দেশ যেমন অমূলক ও প্রমাণশূন্য, আমার নির্দ্দেশও তেমনি প্রমাণশূন্য। তুমি জীব-শরীর সম্বন্ধে যাহা বলিবে, আমি

এই অট্টালিকা সম্বন্ধে তাহাই বলিব। তুমি যদি আমার কথা অপ্রমাণ করিতে যাও, তোমার স্বপক্ষের কথাও অপ্রমাণ হইয়া পড়িবে। তবে কি তুমি আমার এই অট্টালিকাটি জীব বলিয়া স্বীকার করিবে?"

প্রাচীন দর্শনশাস্ত্রে এবং আধুনিক বিজ্ঞানে এই প্রকার বিবাদ। ভারতবর্ষবাসীরা মধ্যস্থ। মধ্যস্থেরা তিন শ্রেণীভুক্ত। এক শ্রেণীর মধ্যস্থেরা বলেন যে, "প্রাচীন দর্শন, আমাদের দেশীয়। যাহা আমাদের দেশীয়, তাহাই ভাল, তাহাই মান্য এবং যথার্থ। আধুনিক বিজ্ঞান বিদেশী, যাহারা খ্রীষ্টান হইয়াছে, সন্ধ্যা আহ্নিক করে না, উহারাই তাহাকে মানে। আমাদের দর্শন সিদ্ধ ঋষি-প্রণীত, তাঁহাদিগের মনুষ্যাতীত জ্ঞান ছিল, দিব্য চক্ষে সকল দেখিতে পাইতেন; কেন না, তাঁহারা প্রাচীন এবং এদেশীয়। আধুনিক বিজ্ঞান যাঁহাদিগের প্রণীত, তাঁহারা সামান্য মনুষ্য। সুতরাং প্রাচীন মতই মানিব ।"

আর এক শ্রেণীর মধ্যস্থ আছেন, তাঁহারা বলেন, "কোন্‌টি মানিতে হইবে, তাহা জানি না। দর্শনে কি আছে, তাহা জানি না, বিজ্ঞানে কি আছে তাহাও জানি না। কালেজে তোতা পাখীর মত কিছু বিজ্ঞান শিখিয়াছিলাম বটে, কিন্তু যদি জিজ্ঞাসা কর, কেন সে সব মানি, তবে আমার কোন উত্তর নাই। যদি দুই মানিলে চলে, তবে দুই মানি। তবে যদি নিতান্ত পীড়াপীড়ি কর, তবে বিজ্ঞানই মানি; কেন না, তাহা না মানিলে, লোকে আজি কালি মূর্খ বলে। বিজ্ঞান মানিলে লোকে বলিবে, এ ইংরেজি জানে, সে গৌরব ছাড়িতে পারি না। আর বিজ্ঞান মানিলে বিনা কষ্টে হিন্দুয়ানির বাঁধাবাঁধি হইতে নিষ্কৃতি পাওয়া যায়। সে অল্প সুখ নহে। সুতরাং বিজ্ঞানই মানিব ।"

তৃতীয় শ্রেণীর মধ্যস্থেরা বলেন, "প্রাচীন দর্শনশাস্ত্র দেশী বলিয়া তৎপ্রতি আমাদিগের বিশেষ প্রীতি বা অপ্রীতি নাই। আধুনিক বিজ্ঞান সাহেবি বলিয়া তাহাকে ভক্তি বা অভক্তি করি না। যেটি যথার্থ হইবে, তাহাই মানিব-ইহাতে কেহ খ্রীষ্টান বা কেহ মূর্খ বলে, তাহাতে ক্ষতি বোধ করি না। কোন্‌টি যথার্থ, কোন্‌টি অযথার্থ, তাহা মীমাংসা করিবে কে? আপনার বুদ্ধিমত মীমাংসা করিব;-পরের বুদ্ধিতে যাইব না। দার্শনিকেরা আমাদিগের দেশী লোক বলিয়া তাঁহাদিগকে সর্ব্বজ্ঞ মনে করিব না-ইংরেজেরা রাজা বলিয়া তাঁহাদিগকে অভ্রান্ত মনে করি না। 'সর্ব্বজ্ঞ' বা 'সিদ্ধ' মানি না; আধুনিক মনুষ্যাপেক্ষা প্রাচীন ঋষিদিগের কোন প্রকার বিশেষ জ্ঞানের উপায় ছিল, তাহা মানি না-কেন না, যাহা অনৈসর্গিক, তাহা মানিব না। বরং ইহাই বলি যে, প্রাচীনাপেক্ষা আধুনিকদিগের অধিক জ্ঞানবত্তার সম্ভাবনা। কেন না, কোন বংশে যদি পুরুষানুক্রমে সকলেই কিছু কিছু সঞ্চয় করিয়া যায়, তবে প্রপিতামহ অপেক্ষা প্রপৌত্র ধনবান্ হইবে সন্দেহ নাই। তবে আপনার ক্ষুদ্র বুদ্ধিতে এ সকল গুরুতর তত্ত্বের মীমাংসা করিব কি প্রকারে? প্রমাণানুসারে। যিনি প্রমাণ দেখাইবেন, তাঁহার কথায় বিশ্বাস করিব। যিনি কেবল আনুমানিক কথা বলিবেন, তাহার কোন প্রমাণ দেখাইবেন না, তিনি পিতৃপিতামহ হইলেও তাঁহার কথায় অশ্রদ্ধা করিব। দার্শনিকেরা কেবল অনুমানের উপর নির্ভর করিয়া বলেন, ক হইতে খ হইয়াছে, গর মধ্যে ঘ আছে ইত্যাদি। তাঁহারা তাহার কোন প্রমাণ নির্দ্দেশ করেন না; কোন প্রমাণের অনুসন্ধান করিয়াছেন, এমত কথা বলেন না, সন্ধান করিলেও কোন প্রমাণ পাওয়া যায় না। যদি কখন প্রমাণ নির্দ্দেশ করেন, সে প্রমাণও আনুমানিক বা কাল্পনিক, তাহার আবার প্রমাণের প্রয়োজন; তাহাও পাওয়া যায় না। অতএব আজন্ম মূর্খ হইয়া থাকিতে হয়, সেও ভাল, তথাপি দর্শন মানিব না। এ দিকে বিজ্ঞান আমাদিগকে বলিতেছেন, 'আমি তোমাকে সহসা বিশ্বাস করিতে বলি না, যে সহসা বিশ্বাস করে, আমি তাহার প্রতি অনুগ্রহ করি না; সে যেন আমার কাছে আইসে না। আমি যাহা তোমার কাছে প্রমাণের দ্বারা প্রতিপন্ন করিব, তুমি তাহাই বিশ্বাস করিও, তাহার তিলার্দ্ধ অধিক বিশ্বাস করিলে তুমি আমার ত্যাজ্য। আমি যে প্রমাণ দিব, তাহা প্রত্যক্ষ। একজনে

সকল কাণ্ড প্রত্যক্ষ করিতে পারে না, এজন্য কতকগুলি তোমাকে অন্যের প্রত্যক্ষের কথা শুনিয়া বিশ্বাস করিতে হইবে। কিন্তু যেটিতে তোমার সন্দেহ হইবে, সেইটি তুমি স্বয়ং প্রত্যক্ষ করিও। সর্ব্বদা আমার প্রতি সন্দেহ করিও। দর্শনের প্রতি সন্দেহ করিলেই, সে ভস্ম হইয়া যায়, কিন্তু সন্দেহেই আমার পুষ্টি। আমি জীব-শরীর সম্বন্ধে যাহা বলিতেছি, আমার সঙ্গে শবচ্ছেদ-গৃহে ও রাসায়নিক পরীক্ষাশালায় আইস। সকলই প্রত্যক্ষ দেখাইব ।" এইরূপ অভিহিত হইয়া, বিজ্ঞানের গৃহে গিয়া সকলই প্রমাণ সহিত দেখিয়া আসিয়াছি। সুতরাং বিজ্ঞানেই আমাদের বিশ্বাস ।"

যাঁহারা এই সকল কথা শুনিয়া কুতূহলবিশিষ্ট হইবেন, তাঁহারা বিজ্ঞান মাতার আহ্বানানুসারে তাঁহার শবচ্ছেদ-গৃহে এবং রাসায়নিক পরীক্ষাশালায় গিয়া দেখুন, পঞ্চ ভূতের কি দুর্দ্দশা হইয়াছে। জীব-শরীরের ভৌতিক তত্ত্ব সম্বন্ধে আমরা যদি দুই একটা কথা বলিয়া রাখি, তবে তাঁহাদিগের পথ একটু সুগম হইবে।

বিষয়বাহুল্য ভয়ে কেবল একটি তত্ত্বই আমরা সংক্ষেপে বুঝাইব। আমরা অনুমান করিয়া রাখিলাম যে, পাঠক জীবের শারীরিক নির্ম্মাণ সম্বন্ধে অভিজ্ঞ। গঠনের কথা বলিব না-গঠনের সামগ্রীর কথা বলিব।

এক বিন্দু শোণিত লইয়া অণুবীক্ষণ যন্ত্রের দ্বারা পরীক্ষা কর। তাহাতে কতকগুলি ক্ষুদ্র ক্ষুদ্র চক্রাকার বস্তু দেখিবে। অধিকাংশই রক্তবর্ণ এবং সেই চক্রাণুসমূহের বর্ণ হেতুই শোণিতের বর্ণ রক্ত, তাহাও দেখিবে। তন্মধ্যে মধ্যে মধ্যে, আর কতকগুলি দেখিবে, তাহা রক্তবর্ণ নহে,-বর্ণহীন, রক্ত-চক্রাণু হইতে কিঞ্চিৎ বড়, প্রকৃত চক্রাকার নহে-আকারের কোন নিয়ম নাই। শরীরাভ্যন্তরে যে তাপ, পরীক্ষ্যমাণ রক্তবিন্দু যদি সেইরূপ তাপসংযুক্ত রাখা যায়, তাহা হইলে দেখা যাইবে, এই বর্ণহীন চক্রানুসকল সজীব পদার্থের ন্যায় আচরণ করিবে। আপনারা যথেচ্ছা চলিয়া বেড়াইবে, আকার বর্ত্তমান করিবে, কখন কোন অঙ্গ বাড়াইয়া দিবে, কখন কোন ভাগ সঙ্কীর্ণ করিয়া লইবে। এইগুলি যে পদার্থের সমষ্টি, তাহাকে ইউরোপীয় বৈজ্ঞানিকেরা প্রোটোপ্লাস্ম্ বা বিওপ্লাস্ম্ বলেন। আমরা ইহাকে "জৈবনিক" বলিলাম। ইহাই জীব-শরীর নির্ম্মাণের একমাত্র সামগ্রী। যাহাতে ইহা আছে, তাহাই জীব; যাহাতে ইহা নাই, তাহা জীব নহে। দেখা যাউক, এই সামগ্রীটি কি।

এক্ষণকার বিদ্যালয়ের ছাত্রেরা অনেকেই দেখিয়াছেন, আচার্য্যেরা বৈদ্যুতিক যন্ত্রসাহায্যে জল উড়াইয়া দেন। বাস্তবিক জল উড়িয়া যায় না; জল অন্তর্হিত হয় বটে, কিন্তু তাহার স্থানে দুইটি বায়বীয় পদার্থ পাওয়া যায়-পরীক্ষক সেই দুইটি পৃথক্ পৃথক্ পাত্রে ধরিয়া রাখেন। সেই দুইটি পুনর্ব্বার একত্রিত করিয়া আগুন দিলে আবার জল হয়। অতএব দেখা যাইতেছে যে, এই দুইটি পদার্থের রাসায়নিক সংযোগে জলের জন্ম। ইহার একটি নাম অম্লজান বায়ু; দ্বিতীয়টির নাম জলজান বায়ু।

যে বায়ু পৃথিবী ব্যাপিয়া রহিয়াছে, ইহাতেও অম্লজান আছে। অম্লজান ভিন্ন আর একটি বায়বীয় পদার্থও তাহাতে আছে। সেটি যবক্ষারেও আছে বলিয়া তাহার নাম যবক্ষারজান হইয়াছে। অম্লজান ও যবক্ষারজান সাধারণ বায়ুতে রাসায়নিক সংযোগে যুক্ত নহে। মিশ্রিত মাত্র। যাঁহারা রসায়নবিদ্যা প্রথম শিক্ষা করিতে প্রবৃত্ত হয়েন, তাঁহারা শুনিয়া চমৎকৃত হয়েন যে, হীরক ও অঙ্গার একই বস্তু। বাস্তবিক এ কথা সত্য এবং পরীক্ষাধীন। যে দ্রব্য উভয়ের সার, তাহার নাম হইয়াছে অঙ্গারজান। কাষ্ঠ তৃণ তৈলাদি যাহা দাহ করা যায়, তাহার দাহ্য ভাগ এই অঙ্গারজান। অঙ্গারজানের সহিত অম্লজানের রাসায়নিক যোগক্রিয়াকে দাহ বলে। এই চারিটি পদার্থ সর্ব্বদা পরস্পরে রাসায়নিক যোগে সংযুক্ত হয়। যথা, অম্লজানে জলযানে জল হয়। অম্লজানে যবক্ষারজানে নাইট্রিক আসিড নামক প্রসিদ্ধ ঔষধ হয়। অম্লজানে

অঙ্গারজানে আঙ্গারিক অম্ল (কার্ব্বণিক আসিড) হয়। যে বাষ্পের কারণ সোডা ওয়াটার উচ্ছলিয়া উঠে, সে এই পদার্থ। দীপশিখা হইতে এবং মনুষ্য-নিঃশ্বাসে ইহা বাহির হইয়া থাকে। যবক্ষারজান এবং জলজানে আমোনিয়া নামক প্রসিদ্ধ তেজস্বী ঔষধ হইয়া থাকে। অঙ্গারজান ও জলজানে তারপিন তৈল প্রভৃতি অনেকগুলি তৈলবৎ এবং অন্যান্য সামগ্রী হয়। ইত্যাদি।

এই চারিটি সামগ্রী যেমন পরস্পরের সহিত রাসায়নিক যোগে যুক্ত হয়, সেরূপ অন্যান্য সামগ্রীর সহিত যুক্ত হয় এবং সেই সংযোগেই এই পৃথিবী নির্ম্মিত। যথা, সডিয়মের সঙ্গে ও ক্লোরাইনের সঙ্গে অম্লজানের সংযোগবিশেষ লবণ; চূণের সঙ্গে অম্লজান ও অঙ্গারজানের সংযোগবিশেষে মর্ম্মরাদি নানাবিধ প্রস্তর হয়; সিলিকন এবং আলুমিনার সঙ্গে অম্লজানের সংযোগ নানাবিধ মৃত্তিকা।

দুইটি সামগ্রীর রাসায়নিক সংযোগে যে এক ফল হয়, এমত নহে। নানা মাত্রায় নানা দ্রব্যের সংযোগে নানা দ্রব্য হইয়া থাকে।

জলজান, অম্লজান, অঙ্গারজান এবং যবক্ষারজান, এই চারিটিই একত্রে সংযুক্ত হইয়া থাকে। সেই সংযোগের ফল জৈবনিক। জৈবনিকে এই চারিটি সামগ্রীই থাকে, আর কিছুই থাকে না, এমত নহে; অম্লজানাদির সঙ্গে কখন কখন গন্ধক, কখন পোতাস ইত্যাদি সামগ্রী থাকে। কিন্তু যে পদার্থে এই চারিটিই নাই, তাহা জৈবনিক নহে; যাহাতে এই চারিটি আছে, তাহাই জৈবনিক। জীবমাত্রেই এই জৈবনিকে গঠিত; জীব ভিন্ন আর কিছুতেই জৈবনিক নাই। এই স্থলে জীব শব্দে কেবল প্রাণী বুঝাইতেছে এমত নহে। উদ্ভিদ্‌ও জীব; কেন না, তাহাদিগের জন্ম, বৃদ্ধি, পুষ্টি ও মৃত্যু আছে। অতএব উদ্ভিদের শরীরও জৈবনিকে নির্ম্মিত। কিন্তু সচেতন ও অচেতন জীবে এ বিষয়ে একটু বিশেষ প্রভেদ আছে।

জৈবনিক জীব-শরীরমধ্যেই পাওয়া যায়, অন্যত্র পাওয়া যায় না। জীব-শরীরে কোথা হইতে জৈবনিক আইসে? জৈবনিক জীব-শরীরে প্রস্তুত করিয়া থাকে। উদ্ভিদ্ জীব, ভূমি এবং বায়ু হইতে অম্লজানাদি গ্রহণ করিয়া আপন শরীরমধ্যে তৎসমুদায়ের রাসায়নিক সংযোগ সম্পাদন করিয়া জৈবনিক প্রস্তুত করে; সেই জৈবনিক আপন শরীর নির্ম্মাণ করে। কিন্তু নির্জ্জীব পদার্থ হইতে জৈবনিক পদার্থ প্রস্তুত করার যে শক্তি, তাহা উদ্ভিদেরই আছে। সচেতন জীবের এই শক্তি নাই; ইহারা স্বয়ং জৈবনিক প্রস্তুত করিতে পারে না; উদ্ভিদ্‌কে ভোজন করিয়া প্রস্তুত জৈবনিক সংগ্রহপূর্ব্বক শরীর পোষণ করে। কোন সচেতন জীব মৃত্তিকা খাইয়া প্রাণ ধারণ করিতে পারে না, কিন্তু তৃণ ধান্য প্রভৃতি সেই মৃত্তিকার রস পান করিয়া জীবন ধারণ করিতেছে; কেন না, উহারা তাহা হইতে জৈবনিক প্রস্তুত করে; বৃষ মৃত্তিকা খাইবে না, কিন্তু সেই তৃণ ধান্যাদি খাইয়া তাহা হইতে জৈবনিক গ্রহণ করিবে, ব্যাঘ্র আবার সেই বৃষকে খাইয়া জৈবনিক সংগ্রহ করিবে। যাঁহারা এদেশের জমীদারগণের দ্বেষক, তাঁহারা বলিতে পারেন যে, উদ্ভিদ্ জীবেরা এ জগতে চাষা, তাহারা উৎপাদন করে; অপরেরা জমীদার, তাহারা চাষার উপার্জ্জন কাড়িয়া খায়, আপনারা কিছু করে না।

এখন দেখ, এক জৈবনিকে সর্ব্বজীব নির্ম্মিত। যে ধান ছড়াইয়া তুমি পাখীকে খাওয়াইতেছ, সে ধান যে সামগ্রী, পাখীও সে সামগ্রী, তুমিও সে সামগ্রী। যে কুসুম ঘ্রাণ মাত্র লইয়া, লোকমোহিনী সুন্দরী ফেলিয়া দিতেছেন, সুন্দরীও যাহা, কুসুমও তাই। কীটও যাহা, সম্রাটও তাই। যে হংসপুচ্ছলেখনীতে আমি লিখিতেছি, সেও যাহা, আমিও তাই। সকলই জৈবনিক। প্রভেদও গুরুতর। জয়পুরী শ্বেত প্রস্তরে তোমার জলপান-পাত্র বা ভোজন-পাত্র নির্ম্মিত হইয়াছে; সেই প্রস্তরে তাজমহল এবং জুমা মসজিদও নির্ম্মিত হইয়াছে। উভয়ে প্রভেদ নাই কে বলিবে? গোষ্পদেও জল, সমুদ্রেও জল, গোষ্পদে সমুদ্রে প্রভেদ নাই কে বলিবে?

কিন্তু স্থূল কথা বলিতে বাকি আছে। জৈবনিক ভিন্ন জীবন নাই, যেখানে জীবন, সেইখানে জৈবনিক তাহার পূর্ব্বগামী। "অন্যথা সিদ্ধিশূন্যস্য নিয়তা পূর্ব্ববর্ত্তিতা কারণত্বং" এ কথা যদি সত্য হয়, তবে জৈবনিকেই জীবনের কারণ। জৈবনিক ভিন্ন জীবন কুত্রাপি সিদ্ধ নহে এবং জৈবনিক জীবনের নিয়ত পূর্ব্ববর্ত্তী বটে। অতএব আমাদের এই চঞ্চল, সুখদুঃখবহুল, বহু স্নেহাস্পদ জীবন, কেবল জৈবনিকের ক্রিয়া, রাসায়নিক সংযোগসমবেত জড় পদার্থের ফল। নিউটনের বিজ্ঞান, কালিদাসের কবিতা, হম্বোল্ট বা শঙ্করাচার্য্যের পাণ্ডিত্য-সকলই জড় পদার্থের ক্রিয়া; শাক্যসিংহের ধর্ম্মজ্ঞান, আকবরের শৌর্য্য, কোমতের দর্শনবিদ্যা সকলই জড়ের গতি। তোমার বনিতার প্রেম, বালকের অমৃত ভাষা, পিতার সদুপদেশ-সকলই জড় পদার্থের আকুঞ্চন সম্প্রসারণ মাত্র-জৈবনিক ভিন্ন ভিতরে আর ঐন্দ্রজালিক কেহ নাই। যে যশের জন্য তুমি প্রাণপাত করিতেছ, সে এই জৈবনিকের ক্রিয়া-যেমন সমুদ্রগর্জ্জন এক প্রকার জড়পদার্থকৃত কোলাহল, যশ তেমনি জড়পদার্থকৃত অন্য প্রকার কোলাহল মাত্র। এই সর্ব্বকর্ত্তাকে জৈবনিক অম্লজান, জলজান, অঙ্গারজান এবং যবক্ষারজনের রাসায়নিক সমষ্টি। অতএব এই চারিটি ভৌতিক পদার্থই ইচ্ছাময়ের ইচ্ছায় সর্ব্বকর্ত্তা। ইহারা প্রকৃত ভূত, এবং এই ভূতের কাণ্ডসকল আশ্চর্য্য বটে। পাঠক দেখিবেন যে, আমাদিগের পূর্ব্বপরিচিত পঞ্চ ভূত হইতে এই আধুনিক ভূতগণের যে প্রভেদ, তাহা কেবল প্রমাণগত। নচেৎ উভয়েরই ফল প্রকৃতিবাদ (Materialism), সাংখ্যের প্রকৃতিবাদ হইতে আধুনিক প্রকৃতিবাদের প্রভেদ, প্রধানতঃ প্রমাণগত। তবে আধুনিক বলেন, ক্ষিত্যাদি ভূত নহে, আমাদিগের পরিচিত এই ভূতগুলিই ভূত। যেই ভূত হউক, তাহাতে আমাদের বিশেষ ক্ষতি নাই,-কেন না, মনুষ্যজাতি ভূত ছাড়া হইল না। নাই হউক-স্মরণ রাখিলেই হইল, ভূতের উপর সর্ব্বভূতময় এক জন আছেন। তাঁহা হইতে ভূতের এ খেলা।

পরিমাণ-রহস্য

Curiosities of Quantity and Measure

আমাদের সকল ইন্দ্রিয়ের অপেক্ষা চক্ষুর উপর বিশ্বাস অধিক। কিছুতে যাহা বিশ্বাস না করি, চক্ষে দেখিলেই তাহাতে বিশ্বাস হয়। অথচ চক্ষের ন্যায় প্রবঞ্চক কেহ নহে। যে সূর্য্যের পরিমাণ লক্ষ লক্ষ যোজনে হয় না, তাহাকে একখানি স্বর্ণথালির মত দেখি। প্রকাণ্ড বিশ্বকে একটি ক্ষুদ্র নক্ষত্র দেখি। যে চন্দ্রের দূরতা সূর্য্যের দূরতার চারি শত ভাগের এক ভাগও নহে, তাহা সূর্য্যের সমদূরবর্ত্তী দেখায়। যে পরমাণুতে এই জগৎ নির্ম্মিত তাহার একটিও দেখিতে পাই না। আণুবীক্ষণিক জীব জৈবনিকাদি কিছুই দেখিতে পাই না। এই অবিশ্বাস-যোগ্য চক্ষুকেই আমাদের বিশ্বাস।

দর্শনেন্দ্রিয়ের এইরূপ শক্তিহীনতার গতিকে আমরা জগতের পরিমাণবৈচিত্র্য কিছুই বুঝিতে পারি না। জ্যোতিষ্কাদি অতি বৃহৎ পদার্থকে ক্ষুদ্র দেখি, এবং অতিক্ষুদ্র পদার্থসকলকে একেবারে দেখিতে পাই না। ভাগ্যক্রমে, মন বাহ্যেন্দ্রিয়াপেক্ষা দূরদর্শী; অদর্শনীয়ও বিজ্ঞান দ্বারা মিত হইয়াছে। সে পরিমাণ অতি বিস্ময়কর। দুই একটা উদাহরণ দিতেছি।

সকলে জানেন যে, পৃথিবীর ব্যাস ৭০৯৯ মাইল। যদি পৃথিবীকে এক মাইল দীর্ঘ, এক মাইল প্রস্থ, এমত খণ্ডে খণ্ডে ভাগ করা যায়, তাহা হইলে ঊনিশ কোটি ছয়ষট্টি লক্ষ ছাব্বিশ হাজার এইরূপ বর্গমাইল পাওয়া যায়। এক মাইল দীর্ঘে, এক মাইল প্রস্থে, এবং এক মাইল ঊর্দ্ধে এরূপ, ২৫৯,৮০০,০০০,০০০ ঘন মাইল পাওয়া যায়। ওজনে পৃথিবী যত টন হইয়াছে, তাহা অঙ্কের দ্বারা লিখিলাম-৬,০৬৯,০০০,০০০,০০০,০০০,০০০,০০০। এক টন সাতাইশ মণের অধিক।*

এই আকার কি ভয়ানক, তাহা মনে কল্পনা করা যায় না। সমগ্র হিমালয় পর্ব্বত ইহার নিকট বালুকাকণার অপেক্ষাও ক্ষুদ্র। কিন্তু এই প্রকাণ্ড পৃথিবী সূর্য্যের আকারের সহিত তুলনায় বালুকামাত্র। চন্দ্র একটি প্রকাণ্ড উপগ্রহ, উহা পৃথিবী হইতে ২৪০,০০০ মাইল দূরে অবস্থিত। সূর্য্য এ প্রকার প্রকাণ্ড পদার্থ যে, তাহা অন্তঃশূন্য করিয়া পৃথিবীকে চন্দ্রসমেত তাহার মধ্যস্থলে স্থাপিত করিলে, চন্দ্র এখন যেরূপ দূরে থাকিয়া পৃথিবীর পার্শ্বে বর্ত্তন করে, সূর্য্যগর্ব্ভেও সেইরূপ করিতে পারে, এবং চন্দ্রের বর্ত্তন পথ ছাড়াও এক লক্ষ ষাট হাজার মাইল বেশী থাকে।

সূর্য্যের দূরতা কত মাইল, তাহা বালকেও জানে, কিন্তু সেই দূরতা অনুভূত করিবার জন্য, নিম্নলিখিত গণনা উদ্ধৃত করিলাম।

"অস্মদাদির দেশে রেলওয়ে ট্রেণ ঘন্টায় ২০ মাইল যায়। যদি পৃথিবী হইতে সূর্য্য পর্য্যন্ত রেলওয়ে হইত, তবে কত কালে সূর্য্যলোকে যাইতে পারিতাম? উত্তর-যদি দিন রাত্রি, ট্রেণ অবিরত ঘন্টায় বিশ মাইল চলে, তবে ৫২০ বৎসর ৬ মাস ১৬ দিনে সূর্য্যলোকে পৌঁছান যায়। অর্থাৎ যে ব্যক্তি ট্রেণে চড়িবে, তাহার সপ্তদশ পুরুষ ঐ ট্রেণেই গত হইবে।#

আর বৃহস্পতি শনি প্রভৃতি গ্রহসকলের দূরতার সহিত তুলনায় এ দূরতাও সামান্য। বুবীর গণনা করিয়া বলিয়াছেন যে, রেল যদি ঘন্টায় ৩৩ মাইল চলে, তবে সূর্য্যলোক হইতে কেহ রেলে যাত্রা করিলে, দিন রাত্র চলিয়া বৃহস্পতি গ্রহে ১৭১২ বৎসরে, শনিগ্রহে ৩১১৩ বৎসরে, ঊরেনসে ৬২২৬ বৎসরে, নেপ্ত্যুনে ৯৬৮৫ বৎসরে পৌঁছিবে।

আবার এ দূরতা নক্ষত্র সূর্য্যগণের দূরতার তুলনায় কেশের পরিমাণ মাত্র। সকল নক্ষত্রের অপেক্ষা আল্‌ফা সেন্টরাই আমাদিগের নিকটবর্ত্তী; তাহার দূরতা ৬১ সিগনাই নামক নক্ষত্রের পাঁচ ভাগের চারি ভাগ। এই দ্বিতীয় নক্ষত্রের দূরতা ৬৩,৬৫০,০০০,০০০,০০০ মাইল। আলোকের গতি প্রতি সেকেণ্ডে ১৯২,০০০ মাইল। সেই আলোক ঐ নক্ষত্র হইতে আসিতে দশ বৎসরের অধিক কাল লাগে। বেগা নামক নক্ষত্রের দূরতা ১৩০,০০০,০০০,০০০,০০০ মাইল; আলোক সেখান হইতে ২১ বৎসরে পৃথিবীতে পৌঁছে। ২১ বৎসর পূর্ব্বে ঐ নক্ষত্রের যে অবস্থা ছিল তাহা আমরা দেখিতেছি-উহার অদ্যকার অবস্থা আমাদিগের জানিবার সাধ্য নাই।

আবার নীহারিকাগণের দূরতার সঙ্গে তুলনায়, এ সকল নক্ষত্রের দূরতা সূত্র-পরিমিত বোধ হয়। বীণা (Lyra) নামক নক্ষত্রসমষ্টির বিটা ও গামা নক্ষত্রের মধ্যবর্ত্তী অঙ্গুরীয়বৎ নীহারিকার দূরতা, সর্‌ উইলিয়ম্‌ হর্শেলের গণনানুসারে সিরিয়সের দূরতার ৯৫০ গুণ। ঐ বিটা নক্ষত্রের দক্ষিণপূর্ব্বস্থিত গোলাকৃত নীহারিকা, ঐ মহাত্মার গণনানুসারে সৌর জগৎ হইতে ১,৩০০,০০০,০০০,০০০,০০০ মাইল। ত্রিকোণ নামক নক্ষত্রসমষ্টিস্থিত এক নীহারিকা, সিরিয়সের দূরতার ৩৪৪ গুণ দূরে অবস্থিত; এবং সুবৈষ্কির ঢাল নামক নক্ষত্রসমষ্টিতে ঘোড়ার নালের আকার যে এক নীহারিকা আছে, তাহার দূরতা উক্ত ভীষণ মানদণ্ডের নয় শত গুণ অর্থাৎ ৫০,০০০,০০০,০০০,০০০,০০০ মাইলের কিছু ন্যূন।

পাদরি ডাক্তার স্কোরেস্‌বি বলেন যে, যদি আমাদিগের সূর্য্যকে এত দূরে লইয়া যাওয়া যায় যে, তথা হইতে পঁচিশ হাজার বৎসরে উহার আলোক আমাদিগের চক্ষে আসিবে, উহা তথাপি লর্ড রসের বৃহৎ দূরবীক্ষণে দৃশ্য হইতে পারে। যদি তাহা সত্য হয়, তবে যে সকল নীহারিকা হইতে সহস্র সহস্র প্রচণ্ড সূর্য্যের রশ্মি একত্রিত হইয়া আসিলেও, নীহারিকাকে ঐ দূরবীক্ষণে ধূমরেখাবমাত্রবৎ দেখা যায়, না জানি যে, কত কোটি বৎসরে আলোক তথা হইতে আসিয়া আমাদিগের নয়নে লাগে। অথচ আলোক প্রতি সেকেণ্ডে ১৯২,০০০ মাইল, অর্থাৎ পৃথিবীর পরিধির অষ্টগুণ যায়।

পন্টন সাহেব জানিয়াছেন যে, রৌদ্রের আলোক, মডরেটর দীপের অপেক্ষা ৪৪৪ গুণ তীব্র। যদি কোন সামগ্রীর দুই ইঞ্চি দূরে ১৬০টা মোমবাতী রাখা যায়, তবে তাহাতে যে আলো পড়ে, সে রৌদ্রের মত উজ্জ্বল হয়। গণিত হইয়াছে যে, যদি সূর্য্য রশ্মিবিশিষ্ট পদার্থ না হইত, তবে তাহাকে মোমবাতীর সাত কোটি বিশ লক্ষ স্তরে আবৃত করিলে, অর্থাৎ নয় মাইল উচ্চ করিয়া বাতীতে তাহা সর্ব্বাঙ্গ মুড়িয়া, সকল বাতী জ্বালিয়া দিলে রৌদ্রের ন্যায় আলো পৃথিবীতে পাওয়া যাইত। কি ভয়ংকর তাপাধার! সিনসিনেটির ডাক্তার ভন স্থির করিয়াছেন যে, এক ফুট দূরে ১৪,০০০ বাতী রাখিলে যে তাপ পাওয়া যায়, রৌদ্রের সেই তাপ। আর সূর্য্য আমাদিগের নিকট হইতে যত দূরে আছে, তত দূরে থাকিলে ৩,৫০০,০০০,০০০,০০০,০০০,০০০,০০০,০০০,০০০ সংখ্যক বাতী এককালীন না পোড়াইলে রৌদ্রের ন্যায় তাপ হয় না। এ কথার অর্থ এই হইতেছে যে, প্রত্যহ পৃথিবীর ন্যায় বৃহৎ দুই শত বাতীর গোলক পোড়াইলে যে তাপ সম্ভূত হয়, সূর্য্যদেব একদিনে তত তাপ খরচ করেন। তাঁহার তাপ যেরূপ খরচ হয়, সেইরূপ নিত্য নিত্য উৎপন্ন হইয়া জমা হইয়া থাকে। তাহা না হইলে এই মহাতাপ ক্ষয়ে সূর্য্যও অল্পকালে অবশ্য তাপশূন্য হইতেন। কথিত হইয়াছে যে, সূর্য্য দাহ্যমান পদার্থ হইলে এই তাপ ব্যয় করিতে দশ বৎসরে আপনি দগ্ধ হইয়া যাইতেন।

মসূর পুইলা গণনা করিয়াছেন যে, সতের মাইল উচ্চ কয়লার খনি পোড়াইলে যে তাপ জন্মে, এক বৎসরে সূর্য্য তত তাপ ব্যয় করেন। যদি সূর্য্যের তাপবাহিতা জলের ন্যায় হয়,

তবে বৎসরে ২.৬ ডিগ্রী সূর্য্যের তাপ কমিবে। কুঞ্চন-ক্রিয়াতে তাপ সৃষ্টি হয়। সূর্য্যের ব্যাস তাহার দশ সহস্রাংশের একাংশ কমিলেই, দুই সহস্র বৎসরে ব্যয়িত তাপ সূর্য্য পুনঃ প্রাপ্ত হইবে।

সূর্য্যের তাপশালিতার যে ভয়ানক পরিমাণ লিখিত হইল, স্থির নক্ষত্রমধ্যে অনেকগুলি তদপেক্ষা তাপশালী বোধ হয়। সে সকলের তাপ পরিমিত হইবার উপায় নাই; কেন না, তাহার রৌদ্র পৃথিবীতে আসে না, কিন্তু তাহার আলোক পরিমিত হইতে পারে। কোন কোন নক্ষত্রের প্রভাশালিতা পরিমিত হইয়াছে। আলফা সেন্টারাই নামক নক্ষত্রের প্রভাশালিতা সিরিয়স দুই শত পঞ্চবিংশতি সূর্য্যের ২.৩২ গুণ। বেগা নক্ষত্র ষোড়শ সূর্য্যের প্রভাবিশিষ্ট এবং নক্ষত্ররাজ সিরিয়স দুই শত পঞ্চবিংশতি সূর্য্যের প্রভাবিশিষ্ট। এই নক্ষত্র আমাদিগের সৌর জগতের মধ্যবর্ত্তী হইলে পৃথিব্যাদি গ্রহ-সকল অল্পকালমধ্যে বাষ্প হইয়া কোথায় উড়িয়া যাইত।

এই সকল নক্ষত্রের সংখ্যা অতি ভয়ানক। সর্ উইলিয়ম হর্শেল গণনা করিয়া স্থির করিয়াছেন যে, কেবল ছায়াপথে ১৮,০০০,০০০ নক্ষত্র আছে। স্ত্রূব বলেন, আকাশে দুই কোটি নক্ষত্র আছে। মসূর শাকর্ণাক বলেন, নক্ষত্রসংখ্যা সাত কোটি সত্তর লক্ষ। এ সকল সংখ্যার মধ্যে নীহারিকাভ্যন্তরবর্ত্তী নক্ষত্রসকল গণিত হয় নাই। যেমন সমুদ্রতীরে বালুকা, নীহারিকা সেইরূপ নক্ষত্র। এখানে অঙ্ক হারি মানে।

যদি অতি প্রকাণ্ড জগৎসকলের সংখ্যা এইরূপ অননুমেয়, তবে ক্ষুদ্র পদার্থের কথা কি বলিব? ইহ্রেণবর্গ বলেন যে, এক ঘন ইঞ্চি বিলিন্ শ্লেট প্রস্তরে চল্লিশ হাজার Gallionella নামক আণুবীক্ষণিক শম্বুক আছে-তবে এই প্রস্তরের একটি পর্ব্বতশ্রেণীতে কত আছে, কে মনে ধারণা করিতে পারে? ডাক্তার টমাস টম্সন্ পরীক্ষা করিয়া দেখিয়াছেন যে, সীসা, এক ঘন ইঞ্চির ৮৮৮,৪৯২,০০০,০০০,০০০ ভাগের এক ভাগ পরিমিত হইয়া বিভক্ত হইতে পারে। উহাই সীসার পরমাণুর পরিমাণ। তিনিই পরীক্ষা করিয়া দেখিয়াছেন যে, গন্ধকের পরমাণু ওজনে এক গ্রেণের ২,০০০,০০০,০০০ ভাগের এক ভাগ।

(সমুদ্রের গভীরতর পরিমাণ)

লোকের বিশ্বাস আছে যে, সমুদ্র কত গভীর, তাহার পরিমাণ নাই। অনেকের বিশ্বাস, সমুদ্র "অতল।"

অনেক স্থানে সমুদ্রের গভীরতা পরিমিত হইয়াছে। আলেক্জান্দ্রানিবাসী প্রাচীন গণিত-ব্যবসায়িগণ অনুমান করিতেন যে, নিকটস্থ পর্ব্বতসকল যত উচ্চ, সমুদ্রও তত গভীর। ভূমধ্যস্থ (Mediterranean) সমুদ্রের অনেক স্থানে ইহার পোষাক প্রমাণ পাওয়া গিয়াছে। তথায় এ পর্য্যন্ত ১৫,০০০ ফিটের অধিক জল পরিমিত হয় নাই-আল্প্স পর্ব্বত-শ্রেণীর উচ্চতাও ঐরূপ।

মিসর ও সাইপ্রাস দ্বীপের মধ্যে ছয় সহস্র ফিট, আলেক্জান্দ্রা ও রোড্শের মধ্যে নয় সহস্র নয় শত, এবং মালটায় পূর্ব্বে ১৫,০০০ ফিট জল পাওয়া গিয়াছে। কিন্তু তদপেক্ষা অন্যান্য সমুদ্রে অধিকতর গভীরতা পাওয়া গিয়াছে। হম্বোল্টের কস্মস্ গ্রন্থে লিখিত আছে যে, এক স্থানে ২৬,০০০ ফিট রশি নামাইয়া দিয়াও তল পাওয়া যায় নাই-ইহা চারি মাইলের অধিক। ডাক্তার স্কোরেস্বি লিখেন যে, সাত মাইল রশি ছাড়িয়া দিয়াও তল পাওয়া যায় নাই। পৃথিবীর সর্ব্বোচ্চতম পর্ব্বত-শৃঙ্গ পাঁচ মাইল মাত্র উচ্চ।

কিন্তু গড়ে, সমুদ্র কত গভীর, তাহা না মাপিয়াও গণিতবলে জানা যাইতে পারে। জলোচ্ছ্বাসের কারণ-সমুদ্রের জলের উপর সূর্য্য চন্দ্রের আকর্ষণ। অতএব জলোচ্ছ্বাসের

পরিমাণের হেতু, (১) সূর্য্য চন্দ্রের গুরুত্ব, (২) তদীয় দূরতা, (৩) তদীয় সম্বর্ত্তনকাল, (৪) সমুদ্রের গভীরতা। প্রথম, দ্বিতীয়, এবং তৃতীয় তত্ত্ব আমরা জ্ঞাত আছি; চতুর্থ আমরা জানি না, কিন্তু চারিটির সমবায়ের ফল, অর্থাৎ জলোচ্ছ্বাসের পরিমাণ, আমরা জ্ঞাত আছি। অতএব অজ্ঞাত চতুর্থ সমবায়ী কারণ অনায়াসেই গণনা করা যাইতে পারে। আচার্য্য হটন এই প্রকারে গণনা করিয়া স্থির করিয়াছেন যে, সমুদ্র গড়ে, ৫.১২ মাইল, অর্থাৎ পাঁচ মাইলের কিছু অধিক মাত্র গভীর। লাপ্লাস ব্রেষ্ট নগরে জলোচ্ছ্বাস পর্য্যবেক্ষণের বলে যে "Ratio of Semidirunal Coefficients" স্থির করিয়াছিলেন, তাহা হইতেও এইরূপ উপলব্ধি করা যায়।

(শব্দ)

সচরাচর শব্দ প্রতি সেকেণ্ডে ১০৩৮ ফিট গিয়া থাকে বটে, কিন্তু বের্থেম ও ব্রেগেট নামক বিজ্ঞানবিৎ পণ্ডিতেরা বৈদ্যুতিক তারে প্রতি সেকেণ্ডে, ১১,৪৫৬ ফিট বেগে শব্দ প্রেরণ করিয়াছিলেন। অতএব তারে কেবল পত্র প্রেরণ হয়, এমত নহে; বৈজ্ঞানিক শিল্প আরও কিছু উন্নতি প্রাপ্ত হইলে মনুষ্য তারে কথোপকথন করিতে পারিবে। *

মনুষ্যের কণ্ঠস্বর কত দূর যায়? বলা যায় না। কোন কোন যুবতীর ব্রীড়ারুদ্ধ কণ্ঠস্বর শুনিবার সময়ে, বিরক্তিক্রমে ইচ্ছা করে যে, নাকের চসমা খুলিয়া কাণে পরি, কোন কোন প্রাচীনার চীৎকারে বোধ হয়, গ্রামান্তরে পলাইলেও নিষ্কৃতি নাই। বিজ্ঞানবিদেরা ও বিষয়ে কি সিদ্ধান্ত করিয়াছেন, দেখা যাউক।

প্রাচীন মতে আকাশ শব্দবহ; আধুনিক মতে বায়ু শব্দবহ। বায়ুর তরঙ্গে শব্দের সৃষ্টি ও বহন হয়। অতএব যেখানে বায়ু তরল ও ক্ষীণ, সেখানে শব্দের অস্পষ্টতা সম্ভব। ব্লাঙ্‌-শৃঙ্গোপরি শব্দ অস্পষ্টশ্রাব্য বলিয়া শস্যোর বর্ণনা করিয়াছেন। তিনি বলেন, তথায় পিস্তল ছুড়িলে পটকার মত শব্দ হয়; এবং শ্যাম্পেন খুলিলে কর্কের শব্দ প্রায় শুনিতে পাওয়া যায় না। কিন্তু মার্শ্যস বলেন যে, তিনি সেই শৃঙ্গোপরেই ১৩৪০ ফিট হইতে মনুষ্য-কণ্ঠ শুনিয়াছিলেন। এ বিষয়ে "গগনপর্য্যটন" প্রবন্ধে কিঞ্চিৎ লেখা হইয়াছে।

যদি শব্দবহ বায়ুকে চোঙ্গার ভিতর রুদ্ধ করা যায়, তবে মনুষ্য-কণ্ঠ যে অনেক দূর হইতে শুনা যাইবে, ইহা বিচিত্র নহে। কেন না, শব্দ-তরঙ্গসকল ছড়াইয়া পড়িবে না।

স্থির জল, চোঙ্গার কাজ করে। ক্ষুদ্র ক্ষুদ্র উচ্চতায় বায়ু প্রতিহত হইতে পায় না-এজন্য শব্দ-তরঙ্গসকল, ভগ্ন হইয়া নানা দিক্ দিগন্তরে বিকীর্ণ হয় না। এই জন্য প্রশস্ত নদীর এপার হইতে ডাকিলে ওপারে শুনিতে পায়। বিখ্যাত হিমকেন্দ্রানুসারী পর্য্যটক পারির সমভিব্যাহারী লেপ্টেনান্ট ফষ্টর লিখেন যে, তিনি পোর্ট বৌয়েনের এপার হইতে পরপারে স্থিত মনুষ্যের সহিত কথোপকথন করিয়াছিলেন। উভয়ের মধ্যে ১।· মাইল ব্যবধান। ইহা আশ্চর্য্য বটে।

কিন্তু সর্ব্বাপেক্ষা বিস্ময়কর ব্যাপার ডাক্তার ইয়ং কর্ত্তৃক লিখিত হইয়াছে। তিনি বলেন যে, জিব্রল্টরে দশ মাইল হইতে মনুষ্য-কণ্ঠ শুনা গিয়াছে। কথা বিশ্বাসযোগ্য কি?

(জ্যোতিস্তরঙ্গ)

প্রবন্ধান্তরে কথিত হইয়াছে যে, আলোক ইথর নামপ্রাপ্ত বিশ্বব্যাপী জাগতিক তরল পদার্থের আন্দোলনের ফল মাত্র। সূর্য্যালোক সপ্ত বর্ণের সমবায়; সেই সপ্ত বর্ণ ইন্দ্রধনু অথবা স্ফটিক প্রেরিত আলোকে লক্ষিত হয়। প্রত্যেক বর্ণের তরঙ্গসকল পৃথক্ পৃথক্; তাহাদিগের প্রাকৃতিক সমবায়ের ফলে, শ্বেত রৌদ্র। এই সকল জ্যোতিস্তরঙ্গ-বৈচিত্র্যই জগতের বর্ণবৈচিত্র্যের কারণ।

কোন কোন পদার্থ, কোন কোন বর্ণের তরঙ্গসকল রুদ্ধ করিয়া, অবশিষ্টগুলি প্রতিহত করে। আমরা সে সকল দ্রব্যকে প্রতিহত তরঙ্গের বর্ণবিশিষ্ট দেখি।

তবে তরঙ্গেরই বা বর্ণ-বৈষম্য কেন? কোন তরঙ্গ রক্ত, কোন তরঙ্গ পীত, কোন তরঙ্গ নীল কেন? ইহা কেবল তরঙ্গের বেগের তারতম্য। প্রতি ইঞ্চি স্থান মধ্যে একটি নির্দ্দিষ্ট সংখ্যার তরঙ্গের উৎপত্তি হইলে, তরঙ্গ রক্তবর্ণ, অন্য নির্দ্দিষ্ট সংখ্যায় তরঙ্গ পীতবর্ণ, ইত্যাদি।

যে জ্যোতিস্তরঙ্গ এক ইঞ্চি মধ্যে ৩৭,৬৪০ বার প্রক্ষিপ্ত হয়, এবং প্রতি সেকেণ্ডে ৪৫৮,০০০,০০০,০০০,০০০ বার প্রক্ষিপ্ত হয়, তাহা রক্তবর্ণ। পীত তরঙ্গ, এক ইঞ্চিতে ৪৪,০০০ বার, এবং প্রতি সেকেণ্ডে ৫৩৫,০০০,০০০,০০০,০০০ বার প্রক্ষিপ্ত হয়। এবং নীল তরঙ্গ প্রতি ইঞ্চিতে ৫১,১১০ বার এবং প্রতি সেকেণ্ডে ৬২২,০০০,০০০,০০০,০০০ বার প্রক্ষিপ্ত হয়। পরিমাণের রহস্য ইহা অপেক্ষা আর কি বলিব? এমন অনেক নক্ষত্র আছে যে, তাহার আলোক পৃথিবীতে পঞ্চাশ বৎসরেও পৌঁছে না। সেই নক্ষত্র হইতে যে আলোকরেখা আমাদের নয়নে আসিয়া লাগে, তাহার তরঙ্গসকল কতবার প্রক্ষিপ্ত হইয়াছে? এবার যখন রাত্রে আকাশের প্রতি চাহিবে, তখন এই কথাটি একবার মনে করিও।

(সমুদ্র-তরঙ্গ)

এক অচিন্ত্য বেগবান্ সূক্ষ্ম হইতে সূক্ষ্ম জ্যোতিস্তরঙ্গের আলোচনার পর, পার্থিব জলের তরঙ্গমালার আলোচনা অবিধেয় নহে। জ্যোতিস্তরঙ্গের বেগের পরে, সমুদ্রের ঢেউকে অচল মনে করিলেও হয়। তথাপি সাগর-তরঙ্গের বেগ মন্দ নহে। ফিৎুলে সাহেব প্রমাণ করিয়াছেন যে, অতি বৃহৎ সাগরোর্ম্মিসকল ঘন্টায় ২০ মাইল হইতে ২৭।।· মাইল পর্য্যন্ত বেগে ধাবিত হয়। স্কোরেসবি সাহেব গণনা করিয়াছেন যে, আটলান্টিক সাগরের তরঙ্গ ঘন্টায় প্রায় ৩৩ মাইল চলে। এই বেগ ভারতবর্ষীয় বাষ্পীয় রথের বেগের অপেক্ষা ক্ষিপ্রতর।

যাঁহারা বাঙ্গালার নদীবর্গে নৌকারোহণ করিতে ভীত, সাগরোর্ম্মির পরিমাণ সম্বন্ধে তাঁহাদের কিরূপ অনুমান, তাহা বলিতে পারি না। উপকথায় "তালগাছপ্রমাণ ঢেউ" শুনা যায়-কিন্তু কেহ তাহা বিশ্বাস করে না। সমুদ্রে তদপেক্ষা উচ্চতর ঢেউ উঠিয়া থাকে। ফিৎুলে সাহেব লিখেন, ১৮৪৩ অব্দে কর্ণ্বালের নিকট ৩০০ ফিট অর্থাৎ ২০০ হাত উচ্চ ঢেউ উঠিয়াছিল। ১৮২০ সালের নরওয়ে প্রদেশের নিকট ৪০০ ফিট পরিমিত ঢেউ উঠিয়াছিল।

সমুদ্রের ঢেউ অনেক দূর চলে। উত্তমাশা অন্তরীপে উদ্ভূত মগ্ন তরঙ্গ তিন সহস্র মাইল দূরস্থ উপদ্বীপে প্রহত হইয়া থাকে। আচার্য্য বাচ বলেন যে, জাপান দ্বীপাবলীর অন্তর্গত সৈমোদা নামক স্থানে একটা ভূমিকম্প হয়; তাহাতে ঐ স্থানসমীপস্থ "পোতাশ্রয়ে" এক বৃহৎ ঊর্ম্মি প্রবেশ করিয়া, সরিয়া আসিলে পোতাশ্রয় জলশূন্য হইয়া পড়ে। সেই ঢেউ প্রশান্ত মহাসাগরের পরপারে, সানফ্রন্‌সিস্কো নগরের উপকূলে প্রহত হয়। সৈমোদা হইতে ঐ নগর ৪৮০০ মাইল। তরঙ্গরাজ ১২ ঘন্টা ১৬ মিনিটে পার হইয়াছিলেন অর্থাৎ মিনিটে ৬॥· মাইল চলিয়াছিলেন।

* আশ্চর্য্য সৌরোৎপাত দেখ।

আশ্চর্য্য সৌরোৎপাত দেখ।

* এই প্রবন্ধ লিখিত হওয়ার পরে টেলিফোনের আবিষ্ক্রিয়া।

চন্দ্রলোক

The Moon

এই বঙ্গদেশের সাহিত্যে চন্দ্রদেব অনেক কার্য্য করিয়াছেন। বর্ণনায়, উপমায়,-বিচ্ছেদে, মিলনে,-অলঙ্কারে, খোশামোদে,-তিনি উলটি পালটি খাইয়াছেন। চন্দ্রবদন, চন্দ্ররশ্মি, চন্দ্রকরলেখা, শশী, সমি ইত্যাদি সাধারণ ভোগ্য সামগ্রী অকাতরে বিতরণ করিয়াছেন; কখন স্ত্রীলোকের স্কন্ধোপরি ছড়াছড়ি, তখন তাঁহাদিগের নখের গড়াগড়ি গিয়াছেন; সুধাকর হিমকরকরনিকর, মৃগাঙ্ক, শশাঙ্ক, কলঙ্ক প্রভৃতি অনুপ্রাসে, বাঙ্গালী বালকের মনোমুগ্ধ করিয়াছেন। কিন্তু এই ঊনবিংশ শতাব্দীতে এইরূপ কেবল সাহিত্য-কুঞ্জে লীলা খেলা করিয়া, কার সাধ্য নিস্তার পায়? বিজ্ঞান-দৈত্য সকল পথ ঘেরিয়া বসিয়া আছে। আজি চন্দ্রদেবকে বিজ্ঞানে ধরিয়াছে, ছাড়াছাড়ি নাই। আর সাধের সাহিত্য-বৃন্দাবনে লীলা খেলা চলে না-কুঞ্জদ্বারে সাহেব অক্রূর রথ আনাইয়া দাঁড়াইয়া আছে; চল, চন্দ্র, বিজ্ঞান-মথুরায় চল; একটা কংস বধ করিতে হইবে।

যখন অভিমন্যু-শোকে ভদ্রার্জ্জুন অত্যন্ত কাতর, তখন তাঁহাদিগের প্রবোধার্থ কথিত হইয়াছিল যে, অভিমন্যু চন্দ্রলোকে গমন করিয়াছেন। আমরাও যখন নীলগগন-সমুদ্রে এই সুবর্ণের দ্বীপ দেখি, আমরাও মনে করি, বুঝি এই সুবর্ণময় লোকে সোণার মানুষ সোণার থালে সোণার মাছ ভাজিয়া সোণার ভাত খায়, হীরার সরবত পান করে, এবং অপূর্ব্ব পদার্থের শয্যায় শয়ন করিয়া স্বপ্নশূন্য নিদ্রায় কাল কাটায়। বিজ্ঞান বলে, তাহা নহে-এ পোড়া লোকে যেন কেহ যায় না-এ দগ্ধ মরুভূমি মাত্র। এ বিষয়ে কিঞ্চিৎ বলিব।

বালকেরা শৈশবে পড়িয়া থাকে, চন্দ্র উপগ্রহ। কিন্তু উপগ্রহ বলিলে, সৌরজগতের সঙ্গে চন্দ্রের প্রকৃত সম্বন্ধ নির্দ্দিষ্ট হইল না। পৃথিবী ও চন্দ্র যুগল গ্রহ। উভয়ে এক পথে, একত্র সূর্য্য প্রদক্ষিণ করিতেছে-উভয়েই উভয়ের মাধ্যাকর্ষণ কেন্দ্রের বশবর্ত্তী-কিন্তু পৃথিবী গুরুত্বে চন্দ্রের একাশী গুণ, এজন্য পৃথিবীর আকর্ষণী শক্তি চন্দ্রাপেক্ষা এত অধিক যে, সেই যুক্ত আকর্ষণে কেন্দ্র পৃথিবীস্থিত; এজন্য চন্দ্রকে পৃথিবীর প্রদক্ষিণকারী উপগ্রহ বোধ হয়। সাধারণ পাঠকে বুঝিবেন যে, চন্দ্র একটি ক্ষুদ্রতর পৃথিবী; ইহার ব্যাস ১০৫০ ক্রোশ; অর্থাৎ পৃথিবীর ব্যাসের চতুর্থাংশের অপেক্ষা কিছু বেশী। যে সকল কবিগণ নায়িকাদিগকে আর প্রাচীন প্রথামত চন্দ্রমুখী বলিয়া সন্তুষ্ট নহেন-নূতন উপমার অনুসন্ধান করেন-তাঁহাদিগকে আমরা পরামর্শ দিই যে, এক্ষণ অবধি নায়িকাগণকে পৃথিবীমুখী বলিতে আরম্ভ করিবেন। তাহা হইলে অলঙ্কারের কিছু গৌরব হইবে। বুঝাইবে যে, সুন্দরীর মুখমণ্ডলের ব্যাস কেবল সহস্র ক্রোশ নহে-কিছু কম চারি সহস্র ক্রোশ।

এই ক্ষুদ্র পৃথিবী আমাদিগের পৃথিবী হইতে এক লক্ষ বিংশতি সহস্র ক্রোশ মাত্র-ত্রিশ হাজার যোজন মাত্র। গাগনিক গণনায় এ দূরতা অতি সামান্য-এপাড়া ওপাড়া। ত্রিশটি পৃথিবী গায় গায় সাজাইলে চন্দ্রে গিয়া লাগে। চন্দ্র পর্য্যন্ত রেলওয়ে যদি থাকিত, তাহা হইলে ঘণ্টায় বিশ মাইল গেলে, দিন রাত্রি চলিলে, পঞ্চাশ দিনে পৌঁছান যায়।

সুতরাং আধুনিক জ্যোতির্ব্বিদ্গণ চন্দ্রকে অতি নিকটবর্ত্তী মনে করেন। তাঁহাদিগের কৌশলে এক্ষণে এমন দূরবীক্ষণ নির্ম্মিত হইয়াছে যে, তদ্দ্বারা চন্দ্রাদিকে ২৪০০ গুণ বৃহত্তর দেখা যায়। ইহার ফল এই দাঁড়াইয়াছে যে, চন্দ্র যদি আমাদিগের নেত্র হইতে পঞ্চাশৎ ক্রোশ

মাত্র দূরবর্ত্তী হইত, তাহা হইলে আমরা চন্দ্রকে যেমন স্পষ্ট দেখিতাম, এক্ষণেও ঐ সকল দূরবীক্ষণ সাহায্যে সেইরূপ স্পষ্ট দেখিতে পারি।

এরূপ চাক্ষুষ প্রত্যক্ষে চন্দ্রকে কিরূপ দেখা যায়? দেখা যায় যে, তিনি হস্তপদাদিবিশিষ্ট দেবতা নহেন, জ্যোতির্ম্ময় কোন পদার্থ নহেন, কেবল পাষাণময়, আগ্নেয় গিরিপরিপূর্ণ, জড়পিণ্ড। কোথাও অত্যুন্নত পর্ব্বতমালা-কোথাও গভীর গহ্বররাজি। চন্দ্র যে উজ্জ্বল, তাহা সূর্য্যালোকের কারণে। আমরা পৃথিবীতেও দেখি যে, যাহা রৌদ্রপ্রদীপ্ত, তাহাই দূর হইতে উজ্জ্বল দেখায়। চন্দ্র রৌদ্রদীপ্ত বলিয়া উজ্জ্বল। কিন্তু যে স্থানে রৌদ্র না লাগে, সে স্থান উজ্জ্বলতা প্রাপ্ত হয় না। সকলেই জানে যে, চন্দ্রের কলায় হ্রাস বৃদ্ধি এই কারণেই ঘটিয়া থাকে। সে তত্ত্ব বুঝাইয়া লিখিবার প্রয়োজন নাই। কিন্তু ইহা সহজেই বুঝা যাইবে, যে স্থান উন্নত, সেই স্থানে রৌদ্র লাগে-সেই স্থান আমরা উজ্জ্বল দেখি-যে স্থানে গহ্বর অথবা পর্ব্বতের ছায়া, সে স্থানে রৌদ্র প্রবেশ করে না-সে স্থলগুলি আমরা কালিমাপূর্ণ দেখি। সেই অনুজ্জ্বল রৌদ্রশূন্য স্থানগুলিই "কলঙ্ক"-অথবা "মৃগ"-প্রাচীনাদিগের মতে সেইগুলিই "কদম-তলায় বুড়ী চরকা কাটিতেছে ।"

চন্দ্রের বহির্ভাগের এরূপ সূক্ষ্মানুসূক্ষ্ম অনুসন্ধান হইয়াছে যে, তাহায় চন্দ্রের উৎকৃষ্ট মানচিত্র প্রস্তুত হইয়াছে; তাহার পর্ব্বতাবলী ও প্রদেশসকল নাম প্রাপ্ত হইয়াছে-এবং তাহার পর্ব্বতমালার উচ্চতা পরিমিত হইয়াছে। বেয়র ও মাল্লর নামক সুপরিচিত জ্যোতির্ব্বিদদ্বয় অন্যূন ১০৯৫টি চান্দ্র পর্ব্বতের উচ্চতা পরিমিত করিয়াছেন। তন্মধ্যে মনুষ্যে যে পর্ব্বতের নাম রাখিয়াছে "নিউটন" তাহার উচ্চতা ২২,৮২৩ ফিট। এতাদৃশ উচ্চ পর্ব্বত-শিখর, পৃথিবীতে আন্দিস্ ও হিমালয়শ্রেণী ভিন্ন আর কোথাও নাই। চন্দ্র পৃথিবীর পঞ্চাশৎ ভাগের এক ভাগ মাত্র এবং গুরুত্বে একাশী ভাগের এক ভাগ মাত্র; অতএব পৃথিবীর তুলনায় চান্দ্র পর্ব্বতসকল অত্যন্ত উচ্চ। চন্দ্রের তুলনায় নিউটন যেমন উচ্চ, চিম্বারোজা নামক বৃহৎ পার্থিব শিখরের অবয়ব আর পঞ্চাশৎ গুণে বৃদ্ধি পাইলে পৃথিবীর তুলনায় তত উচ্চ হইত।

চান্দ্র পর্ব্বত কেবল যে আশ্চর্য্য উচ্চ, এমত নহে; চন্দ্রলোকে আগ্নেয় পর্ব্বতের অত্যন্ত আধিক্য। অগণিত আগ্নেয় পর্ব্বতশ্রেণী অগ্ন্যুদ্গারী বিশাল রন্ধ্রসকল প্রকাশিত করিয়া রহিয়াছে-যেন কোন তপ্ত দ্রবীভূত পদার্থ কটাহে জ্বাল প্রাপ্ত হইয়া কোন কালে টগবগ্ করিয়া ফুটিয়া উঠিয়া জমিয়া গিয়াছে। এই চন্দ্রমণ্ডল, সহস্রধা বিভিন্ন, সহস্র সহস্র বিবরবিশিষ্ট,-কেবল পাষাণ, বিদীর্ণ, ভগ্ন, ছিন্নভিন্ন, দগ্ধ, পাষাণময়। হায়! এমন চাঁদের সঙ্গে কে সুন্দরীদিগের মুখের তুলনা করার পদ্ধতি বাহির করিয়াছিল?

এই ত পোড়া চন্দ্রলোক! এক্ষণে জিজ্ঞাসা, এখানে জীবের বসতি আছে কি? আমরা যত দূর জানি, জল বায়ু ভিন্ন জীবের বসতি নাই; যেখানে জল বা বায়ু নাই, সেখানে আমাদের জ্ঞানগোচরে জীব থাকিতে পারে না। যদি চন্দ্রলোকে জল বায়ু থাকে, তবে সেখানে জীব থাকিতে পারে; যদি জল বায়ু না থাকে, তবে জীব নাই, এক প্রকার সিদ্ধ করিতে পারি। এক্ষণে দেখা যাউক, তদ্বিষয়ে কি প্রমাণ আছে।

মনে কর, চন্দ্র পৃথিবীর ন্যায় বায়বীয় মণ্ডলে বেষ্টিত। মনে কর, কোন নক্ষত্র, চন্দ্রের পশ্চাদ্ভাগ দিয়া গতি করিবে। ইহাকে জ্যোতিষে সমাবরণ (Occultation) বলা যাইতে পারে। নক্ষত্র চন্দ্র কর্ত্তৃক সমাবৃত হইবার কালে প্রথমে, বায়ুস্তরের পশ্চাদ্বর্ত্তী হইবে; তৎপরে চন্দ্রশরীরের পশ্চাতে লুকাইবে। যখন বায়বীয় স্তরের পশ্চাতে নক্ষত্র যাইবে, তখন নক্ষত্র পূর্ব্বমত উজ্জ্বল বোধ হইবে না; কেন না, বায়ু আলোকের কিয়ৎপরিমাণে প্রতিরোধ করিয়া থাকে। নিকটস্থ বস্তু আমরা তত স্পষ্ট দেখিতে পাই না-তাহার কারণ, মধ্যবর্ত্তী বায়ুস্তর। অতএব সমাবরণীয় নক্ষত্র ক্রমে হ্রস্বতেজা হইয়া পরে চন্দ্রান্তরালে অদৃশ্য হইবে। কিন্তু এরূপ

ঘটিয়া থাকে না। সমাবরণীয় নক্ষত্র একেবারেই নিবিয়া যায়-নিবিবার পূর্ব্বে তাহার উজ্জ্বলতার কিছুমাত্র হ্রাস হয় না। চন্দ্রে বায়ু থাকিলে কখন এরূপ হইত না।

চন্দ্রে যে জল নাই, তাহারও প্রমাণ আছে, কিন্তু সে প্রমাণ অতি দুরূহ-সাধারণ পাঠককে অল্পে বুঝান যাইবে না। এবং এই সকল প্রমাণ বর্ণ-রেখা পরীক্ষক (Spectroscope) যন্ত্রের বিচিত্র পরীক্ষায় স্থিরীকৃত হইয়াছে; চন্দ্রলোকে জলও নাই, বায়ুও নাই। যদি জল বায়ু না থাকে তবে পৃথিবীবাসী জীবের ন্যায় কোন জীব তথায় নাই।

আর একটি কথা বলিয়াই আমরা উপসংহার করিব। চান্দ্রিক উত্তাপও এক্ষণে পরিমিত হইয়াছে। চন্দ্র এক পক্ষকালে আপন মেরুদণ্ডের উপর সম্বর্ত্তন করে, অতএব আমাদের এক পক্ষকালে এক চান্দ্রিক দিবস। এক্ষণে স্মরণ করিয়া দেখ যে, পৌষ মাস হইতে জৈষ্ঠ মাসে আমরা এত তাপাধিক্য ভোগ করি, তাহার কারণ-পৌষ মাসে দিন ছোট, জৈষ্ঠ মাসের দিন তিন চারি ঘন্টা বড়। যদি দিনমান তিন চারি ঘন্টা মাত্র বড় হইলেই, এত তাপাধিক্য হয়, তবে পাক্ষিক চন্দ্র দিবসে না জানি, চন্দ্র কি ভয়ানক উত্তপ্ত হয়। তাতে আবার পৃথিবীতে জল, বায়ু, মেঘ আছে-তজ্জন্য পার্থিব সন্তাপ বিশেষ প্রকারে শমতা প্রাপ্ত হইয়া থাকে, কিন্তু জল বায়ু মেঘ ইত্যাদি চন্দ্রে কিছুই নাই। তাহার উপর আবার চন্দ্র পাষাণময়। অতি সহজে উত্তপ্ত হয়। অতএব চন্দ্রলোক অত্যন্ত তপ্ত হইবারই সম্ভাবনা। বিখ্যাত দূরবীক্ষণ নির্ম্মাণকারীর পুত্র লর্ড রস চন্দ্রের তাপ পরিমিত করিয়াছেন। তাঁহার অনুসন্ধানে স্থিরীকৃত হইয়াছে যে, চন্দ্রের কোন কোন অংশ এত উষ্ণ, তত্তুলনায় যে জল অগ্নিসংস্পর্শে ফুটিতেছে, তাহাও শীতল। সে সন্তাপে কোন পার্থিব জীব রক্ষা পাইতে পারে না-মুহূর্ত্ত জন্যও রক্ষা পাইতে পারে না। এই যে শীতরশ্মি, হিমকর, সুধাংশু? হায়! হায়! অন্ধ পুত্রকে পদ্মলোচন আর কেমন করিয়া বলিতে হয়!*

অতএব সুখের চন্দ্রলোক কি প্রকার, তাহা এক্ষণে আমরা একপ্রকার বুঝিতে পারিয়াছি। চন্দ্রলোক পাষাণময়,-বিদীর্ণ, ভগ্ন, ছিন্ন ভিন্ন, বন্ধুর, দগ্ধ, পাষাণময়! জলশূন্য, সাগরশূন্য, নদীশূন্য, তড়াগশূন্য, বায়ুশূন্য, মেঘশূন্য বৃষ্টিশূন্য,-জনহীন, জীবহীন, তরুহীন, তৃণহীন, শব্দহীন,# উত্তপ্ত জ্বলন্ত, নরককুণ্ডতুল্য এই চন্দ্রলোক!

এই জন্য বিজ্ঞানকে কাব্য আঁটিয়া উঠিতে পারে না। কাব্য গড়ে-বিজ্ঞান ভাঙ্গে।

* যদি কেহ বলেন যে, চন্দ্র স্বয়ং উত্তপ্ত হউন, আমরা তাঁহার আলোকের শৈত্য স্পর্শের প্রত্যক্ষ দ্বারা জানিয়া থাকি। বাস্তবিক এ কথা সত্য নহে-আমরা স্পর্শ দ্বারা চন্দ্রলোকের শৈত্য বা উষ্ণতা কিছুই অনুভূত করি না। অন্ধকার-রাত্রের অপেক্ষা জ্যোৎস্না রাত্রি শীতল, এ কথা যদি কেহ মনে করেন, তবে সে তাঁহার মনের বিকার মাত্র। বরং চন্দ্রলোকে কিঞ্চিৎ সন্তাপ আছে; সেটুকু অত অল্প যে, তাহা আমাদিগের স্পর্শের অনুভবনীয় নহে। কিন্তু জান্তেদেশী, মেলনি, পিয়াজি প্রভৃতি বৈজ্ঞানিকেরা পরীক্ষার দ্বারা তাহা সিদ্ধ করিয়াছেন।

কেন না, বায়ু নাই।

****